PROCESOS DE FABRICACIÓN

EDITORIAL
UNIVERSIDAD DE SEVILLA

Petr Urban
Fátima Ternero Fernández
Eduardo Sánchez Caballero
Raquel Astacio López

PROCESOS DE FABRICACIÓN

Problemas resueltos. Metrología, moldeo, pulvimetalurgía y deformación plástica

EDITORIAL
UNIVERSIDAD DE SEVILLA

Escuela Técnica Superior de
INGENIERÍA DE SEVILLA

SEVILLA 2025

Colección: Monografías de la Escuela Técnica Superior de Ingeniería
de la Universidad de Sevilla

Núm.: 31

Motivo de cubierta: Fundición en molde permanente

Impreso en papel ecológico
Impreso en España-Printed in Spain

ISBN 978-84-472-3140-9
Depósito Legal: SE 828-2025

Diseño de cubierta: Santi García Hernández
Diseño de maquetación: Francisco Javier Payan Somet
Maquetación: Petr Urban
Impresión: Podiprint

Resumen

Este libro nace de la necesidad de completar el material didáctico disponibles para nuestro alumnado y así poder complementar e interrelacionar los conceptos teóricos de la asignatura con los ejercicios prácticos.

Este libro de problemas está indicado como una herramienta de estudio para estudiantes universitarios de los Grados de Ingeniería Mecánica, Química, Eléctrica, Electrónica y de Materiales que cursan la asignatura de Procesos de Fabricación.

Se tratan los aspectos más importantes de los procesos de fabricación desde la metrología pasando por los procesos de fabricación por moldeo, además de estudiar los procesos pulvimetalurgicos y los diferentes tipos de fabricación por deformación plástica. Cada uno de los diferentes apartados del libro presentan problemas solucionados, los más característicos de cada uno de los temas, siempre dándole una cierta orientación industrial.

Con este libro se pretende que los estudiantes entiendan y comprendan el papel fundamental de los procesos y la tecnología de fabricación en Ingeniería.

La fe de erratas del libro se puede consultar en:
https://personal.us.es/purban/fedeerratas/fabricacion1.html
o utilizando siguiente código QR.

Índice

1. METROLOGÍA

La metrología es la Ciencia de la medición. Establece una comprensión de las unidades, crucial para vincular diferentes actividades humanas. La metrología moderna tiene sus raíces en Francia, cuando se propuso un estándar de longitud y la creación del sistema métrico basado en decimales en 1795, estableciendo un conjunto de estándares para otros tipos de mediciones. Para garantizar la conformidad entre los países se estableció en el año 1875 la organización mundial de metrología, el Bureau International des Poids et Mesures (BIPM) y en 1960 se creó en el Sistema Internacional de Unidades (SI) constituido por siete unidades básicas: metro, kilogramo, segundo, kelvin, mol, amperio y candela.

Este capítulo se va a centrar en:
- La denifición del metro
- La capacidad del proceso
- La medición y calibración del calibre y micrómetro
- La posición y calidad de tolerancia.

Problema 01: Definición del metro

Compruebe si las definiciones del metro son correctas.

a) Definición del metro establecida en la Academia de Ciencias de París en 1791:
"El metro es la diezmillonésima parte del cuadrante de un meridiano terrestre".

b) Definición del metro establecida en la 11ª CGPM en 1960:
"El metro es la longitud igual a 1 650 763.73 longitudes de onda de la radiación emitida por el salto cuántico entre los niveles 2p10 y 2d5 del átomo de kriptón 86".

c) Definición del metro establecida en la 17ª CGPM[1] en 1983:
"El metro es la longitud del trayecto recorrido en el vacío por la luz durante un tiempo de 1/299 792 458 de segundo".

d) ¿Qué definición es la más exacta? Justifique la respuesta.

Datos: La velocidad de luz es 1 079 252 848.8 km/h.
Longitud de salto entre los niveles 2p10 y 2d5 del kriptón es $6.0578 \cdot 10^{-7}$ m.
Radio medio de la Tierra es 6 371.0 km.

Solución.

c_0 = 1 079 252 848.8 km/h = 299 792 458 m/s = velocidad de luz.
L_{Kr} = 605.78 nm = $6.0578 \cdot 10^{-7}$ m = longitud de salto entre los niveles 2p10 y 2d5 del Kr.
r_t = 6 371.0 km = $6.371 \cdot 10^{6}$ m = radio medio de la Tierra.

a) El metro definido con meridiano terrestre:
Longitud del meridiano terrestre:

$$L_{mt} = 2\pi r_t = 2\pi \cdot (6.371 \cdot 10^{6})[m] = 40\ 030\ 173.6\ m$$

Longitud de un cuadrante de un meridiano terrestre:

$$L_{mt/4} = \frac{40\ 030\ 173.6[m]}{4} = 10\ 007\ 543.4\ m$$

Longitud de una diezmillonésima parte del cuadrante de un meridiano terrestre:

---

[1] CGPM, Conferencia General de Pesas y Medidas, (en francés: Conférence Générale des Poids et Mesures) decide sobre todos los problemas principales relacionados con la organización y el desarrollo del BIPM, Oficina Internacional de Pesas y Medidas, (en francés: Bureau International des Poids et Mesures).

$$L_{(1\,m)} = \frac{10\ 007\ 543.4[m]}{10\ 000\ 000} = \mathbf{1.00075}\ \boldsymbol{m}$$

b) El metro definido con kriptón 86:

$$L_{(1\,m)} = 1\ 650\ 763.73 \cdot (6.0578 \cdot 10^{-7})[m] = \mathbf{0.9999997}\ \boldsymbol{m}$$

c) El metro definido con velocidad de luz:

$$L_{(1\,m)} = t \cdot c_0 = \frac{1}{299\ 792\ 458}[s] \cdot 299\ 792\ 458\left[\frac{m}{s}\right] = \mathbf{1.0000000}\ \boldsymbol{m}$$

d) La definición más precisa es utilizando haz de luz.

La definición con kriptón introduce un error de 300 nm por un metro.

La definición con meridiano terrestre introduce un error de 750 μm por un metro.

Problema 02: Capacidad del proceso 1

En una línea de producción el producto tiene los límites de especificación superior e inferior de 104 μm y 90 μm, respectivamente. Se ha determinado, que la desviación estándar estimada y la media estimada del proceso son 1.08 μm y 98.12 μm, respectivamente. Determine:

a) La tolerancia natural del proceso, *TNP*.

b) La capacidad de proceso centrado, C_p.

c) La capacidad de proceso para el límite superior, $C_{p,\ superior}$.

d) La capacidad de proceso para el límite inferior, $C_{p,\ infeior}$.

e) La capacidad de proceso entre límite superior e inferior, C_{pk}.

f) La capacidad de proceso respecto al objetivo T, C_{pm}.

g) La capacidad de proceso respecto al objetivo T, con la media descentrada, C_{pkm}.

h) Indique, que tipos de capacidades de procesos son aceptables. Justifique la respuesta.

Solución.

USL= 104 μm = límite superior de la tolerancia (upper specification limit).

LSL= 90 μm = límite inferior de la tolerancia (lower specification limit).

σ = 1.08 μm = desviación estándar estimada.

μ = 98.12 μm = media estimada del proceso.

a) La tolerancia natural del proceso, *TNP*.

$$TNP = \mu \pm 3\sigma = 98.12[\mu m] \pm (3 \cdot 1.08)[\mu m] = \mathbf{98.12 \pm 3.24\ \mu m}$$

b) La capacidad de proceso centrado, C_p:

$$C_p = \frac{USL - LSL}{6\sigma} = \frac{(104 - 90)[\mu m]}{6 \cdot 1.08[\mu m]} = \mathbf{2.16}$$

c) La capacidad de proceso para el límite superior, $C_{p,\ superior}$:

$$C_{p,superior} = \frac{USL - \mu}{3\sigma} = \frac{(104 - 98.12)[\mu m]}{3 \cdot 1.08[\mu m]} = \mathbf{1.82}$$

d) La capacidad de proceso para el límite inferior, $C_{p,\ infeior}$:

$$C_{p,inferior} = \frac{\mu - LSL}{3\sigma} = \frac{(98.12 - 90)[\mu m]}{3 \cdot 1.08[\mu m]} = \mathbf{2.51}$$

e) La capacidad de proceso entre límite superior e inferior, C_{pk}:

$$C_{pk} = min\left[\frac{USL - \mu}{3\sigma} ; \frac{\mu - LSL}{3\sigma}\right]$$

$$C_{pk} = min\left[\frac{(104 - 98.12)[\mu m]}{3 \cdot 1.08[\mu m]} ; \frac{(98.12 - 90)[\mu m]}{3 \cdot 1.08[\mu m]}\right] = min[1.82; 2.51] = \mathbf{1.82}$$

f) La capacidad de proceso respecto al objetivo *T*, C_{pm}:

$$T = \frac{USL + LSL}{2} = \frac{(104 + 90)[\mu m]}{2} = \mathbf{97\ \mu m}$$

$$C_{pm} = \frac{C_p}{\sqrt{1 + \left(\frac{\mu - T}{\sigma}\right)^2}} = \frac{2.16}{\sqrt{1 + \left(\frac{(98.12 - 97)[\mu m]}{1.08[\mu m]}\right)^2}} = \mathbf{1.50}$$

g) La capacidad de proceso respecto al objetivo *T*, con una media descentrada, C_{pkm}:

$$C_{pkm} = \frac{C_{pk}}{\sqrt{1 + \left(\frac{\mu - T}{\sigma}\right)^2}} = \frac{1.82}{\sqrt{1 + \left(\frac{(98.12 - 97)[\mu m]}{1.08[\mu m]}\right)^2}} = \mathbf{1.26}$$

h) Todas las capacidades de procesos > 1, por lo cual son aceptables.

Problema 03: Capacidad del proceso 2

En una línea de producción por cada 100 piezas se recoge una para determinar su longitud. En total se han fabricado 2 000 piezas por lo que hay disponibles medidas de 20 piezas. Los valores de las mediciones están en la siguiente tabla:

n.º	µm	n.º	µm	n.º	µm	n.º	µm
1	60.55	6	62.35	11	63.40	16	63.00
2	62.35	7	62.70	12	62.15	17	62.70
3	61.30	8	61.50	13	61.90	18	61.85
4	63.50	9	60.20	14	60.60	19	62.85
5	62.30	10	60.35	15	62.60	20	60.05

Determine:

a) Para los límites de especificación superior (63 µm) e inferior (59 µm) y

b) para los límites de especificación superior (65 µm) e inferior (57 µm):

- la media estimada del proceso, μ.
- la desviación estándar estimada, σ.
- la capacidad de proceso centrado[2], C_p.
- la capacidad de proceso para el límite superior[3], $C_{p,\,superior}$.
- la capacidad de proceso para el límite inferior[4], $C_{p,\,infeior}$.
- la capacidad de proceso entre límite superior e inferior[5], C_{pk}.
- la capacidad de proceso respecto al objetivo T[6], C_{pm}.
- la capacidad de proceso respecto al objetivo T con una media descentrada[7], C_{pkm}.

c) Dibuje un gráfico indicando las 20 mediciones, media estimada del proceso, μ, desviación estándar estimada, σ, media objetivo, T, y límite inferior, LSL, y superior, USL, de la tolerancia del apartado a y b.

---

[2] Calcula lo que el proceso es capaz de producir si el proceso está centrado.

[3] Calcula la capacidad del proceso para especificaciones únicamente con un límite superior.

[4] Calcula la capacidad del proceso para especificaciones únicamente con un límite inferior.

[5] Calcula lo que el proceso es capaz de producir si el objetivo, T, del proceso está centrado entre los límites de la especificación.

[6] Calcula lo que el proceso es capaz de producir si el objetivo, T, del proceso no está centrado entre los límites de la especificación.

[7] Calcula lo que el proceso es capaz de producir si el objetivo, T, del proceso no está centrado entre los límites de la especificación, tomando el límite mínimo como referencia.

d) Indique, que tipos de capacidades de procesos y que límites de especificación son aceptables. Justifique la respuesta.

Solución.

USL = 63 µm (para a) = límite superior de la tolerancia.
LSL = 59 µm (para a) = límite inferior de la tolerancia.
USL = 65 µm (para b) = límite superior de la tolerancia.
LSL = 57 µm (para b) = límite inferior de la tolerancia.

La media estimada del proceso, μ, y la desviación estándar estimada, σ, son independientes de los límites de especificación.

$$\mu = \frac{\sum_{i=1}^{n} x_i}{n} = \frac{60.55 + \ldots + 60.05}{20} = \boldsymbol{61.91\ \mu m}$$

$$\sigma = \sqrt{\frac{\sum_{i=1}^{n}(x_i - \mu)^2}{n}} = \sqrt{\frac{(60.55 - 61.91)^2 + \ldots + (60.05 - 61.91)^2}{20}} = \boldsymbol{1.05\ \mu m}$$

a) Capacidades de procesos para los límites de especificación de 63 µm a 59 µm.
La capacidad de proceso centrado, C_p:

$$C_p = \frac{USL - LSL}{6\sigma} = \frac{63[\mu m] - 59[\mu m]}{6 \cdot 1.05[\mu m]} = \boldsymbol{0.64}$$

La capacidad de proceso para el límite superior, $C_{p,\,superior}$:

$$C_{p,superior} = \frac{USL - \mu}{3\sigma} = \frac{63[\mu m] - 61.91[\mu m]}{3 \cdot 1.05[\mu m]} = \boldsymbol{0.35}$$

La capacidad de proceso para el límite inferior, $C_{p,\,infeior}$:

$$C_{p,inferior} = \frac{\mu - LSL}{3\sigma} = \frac{61.91[\mu m] - 59[\mu m]}{3 \cdot 1.05[\mu m]} = \boldsymbol{0.92}$$

La capacidad de proceso entre límite superior e inferior, C_{pk}:

$$C_{pk} = min\left[\frac{USL - \mu}{3\sigma}; \frac{\mu - LSL}{3\sigma}\right]$$

$$C_{pk} = min\left[\frac{63[\mu m] - 61.91[\mu m]}{3 \cdot 1.05[\mu m]}; \frac{61.91[\mu m] - 59[\mu m]}{3 \cdot 1.05[\mu m]}\right] = min[0.35; 0.921]$$

$$C_{pk} = 0.35$$

La capacidad de proceso respecto al objetivo T, C_{pm}:

$$T = \frac{USL + LSL}{2} = \frac{63[\mu m] + 59[\mu m]}{2} = 61\ \mu m$$

$$C_{pm} = \frac{C_p}{\sqrt{1 + \left(\frac{\mu - T}{\sigma}\right)^2}} = \frac{0.64}{\sqrt{1 + \left(\frac{61.91[\mu m] - 61[\mu m]}{1.05[\mu m]}\right)^2}} = 0.48$$

La capacidad de proceso respecto al objetivo T, con una media descentrada, C_{pkm}:

$$C_{pkm} = \frac{C_{pk}}{\sqrt{1 + \left(\frac{\mu - T}{\sigma}\right)^2}} = \frac{0.35}{\sqrt{1 + \left(\frac{61.91[\mu m] - 61[\mu m]}{1.05[\mu m]}\right)^2}} = 0.26$$

b) Capacidades de procesos para los límites de especificación de 65 μm a 57 μm.
La capacidad de proceso centrado, C_p:

$$C_p = \frac{USL - LSL}{6\sigma} = \frac{65[\mu m] - 57[\mu m]}{6 \cdot 1.05[\mu m]} = 1.27$$

La capacidad de proceso para el límite superior, $C_{p,\,superior}$:

$$C_{p,superior} = \frac{USL - \mu}{3\sigma} = \frac{65[\mu m] - 61.91[\mu m]}{3 \cdot 1.05[\mu m]} = 0.98$$

La capacidad de proceso para el límite inferior, $C_{p,\,inferior}$:

$$C_{p,inferior} = \frac{\mu - LSL}{3\sigma} = \frac{61.91[\mu m] - 57[\mu m]}{3 \cdot 1.05[\mu m]} = 1.56$$

La capacidad de proceso entre límite superior e inferior, C_{pk}:

$$C_{pk} = min\left[\frac{USL - \mu}{3\sigma}; \frac{\mu - LSL}{3\sigma}\right]$$

$$C_{pk} = min\left[\frac{65 - 61.91}{3 \cdot 1.058}; \frac{61.91 - 57}{3 \cdot 1.05}\right] = min[0.98; 1.56] \rightarrow C_{pk} = 0.98$$

La capacidad de proceso respecto al objetivo T, C_{pm}:

$$T = \frac{USL + LSL}{2} = \frac{65[\mu m] + 57[\mu m]}{2} = 61 \, \mu m$$

$$C_{pm} = \frac{C_p}{\sqrt{1 + \left(\frac{\mu - T}{\sigma}\right)^2}} = \frac{1.27}{\sqrt{1 + \left(\frac{61.91[\mu m] - 61[\mu m]}{1.05[\mu m]}\right)^2}} = 0.96$$

La capacidad de proceso respecto al objetivo T, con una media descentrada, C_{pkm}:

$$C_{pkm} = \frac{C_{pk}}{\sqrt{1 + \left(\frac{\mu - T}{\sigma}\right)^2}} = \frac{0.98}{\sqrt{1 + \left(\frac{61.91[\mu m] - 61[\mu m]}{1.05[\mu m]}\right)^2}} = 0.74$$

c) Gráfico indicando las 20 mediciones, media estimada del proceso, μ, desviación estándar estimada, σ, media objetivo, T, y límite inferior, LSL, y superior, USL, de la tolerancia.

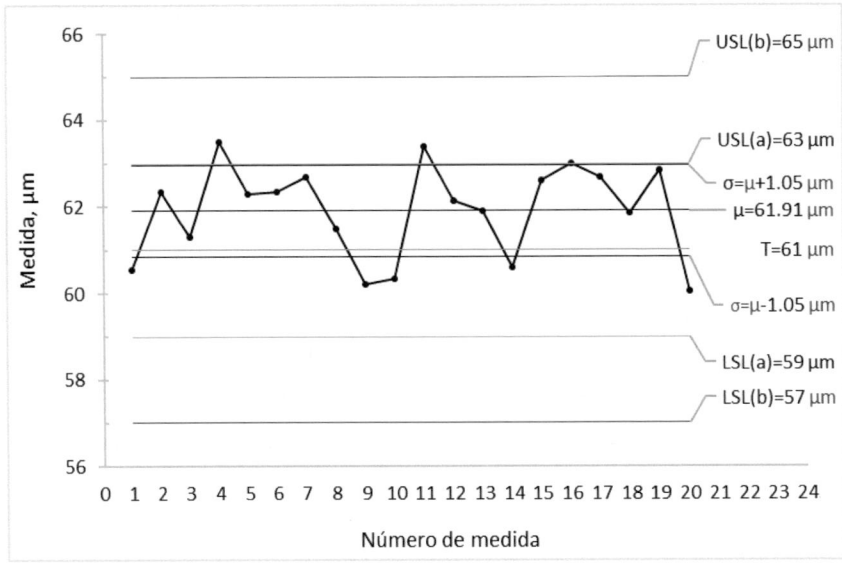

d) Para que un proceso de fabricación sea aceptable, su valor tiene que ser > 1. Para los límites de especificación entre 59 y 63 μm, no hay ningún proceso de fabricación aceptable.

Para los límites de especificación entre 57 y 65 μm, es aceptable el proceso de fabricación centrado y del límite inferior.

Problema 04: Medición con calibre y micrómetro

Se ha medido el espesor, altura y diámetro exterior de una pieza cilíndrica hueca con calibre y micrómetro.

¿Cuál es la apreciación del **(a)** calibre y del **(b)** micrómetro?

Determine los valores de las medidas del **(c)** calibre y del **(d)** micrómetro.

(e) Dibuje el esquema de la pieza indicando las medidas.

Medida de espesor	
con calibre	con micrómetro

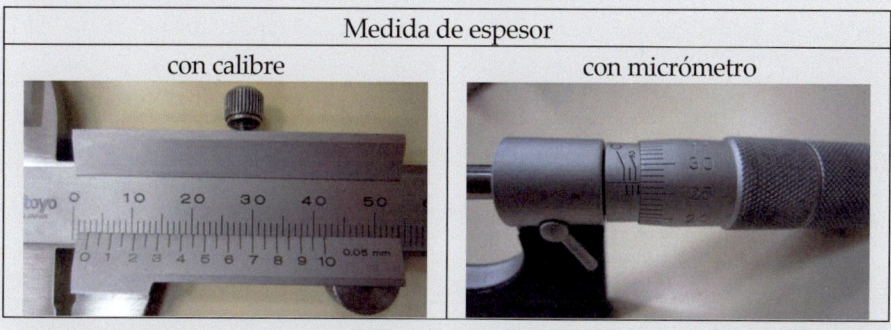

Medida de altura	
con calibre	con micrómetro

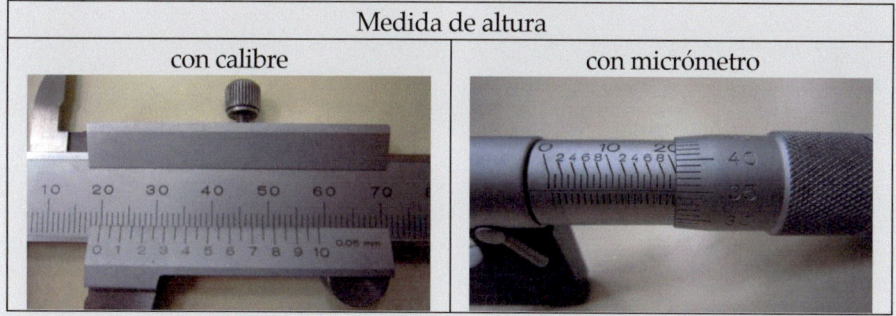

Medida de diámetro	
con calibre	con micrómetro

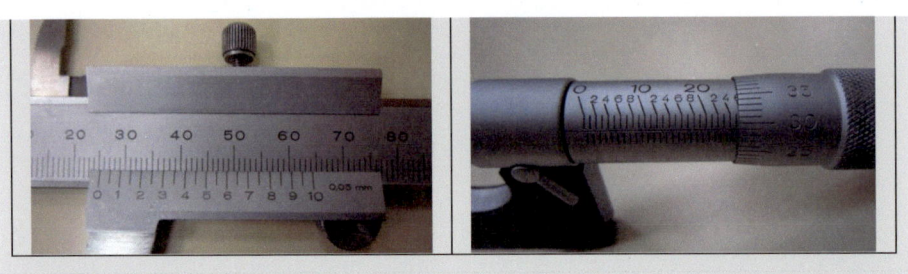

Solución.

D_c = 1 mm = separación entre 2 divisiones sucesivas de la regla fija del calibre.

D_m = 0.5 mm = separación entre 2 divisiones sucesivas de la regla fija del micrómetro.

N_c = 20 = número de divisiones del nonio del calibre.

N_m = 50 = número de divisiones del nonio del micrómetro.

a) La apreciación del calibre:

$$P_c = \frac{D_c}{N_c} = \frac{1[mm]}{20} = 0.05\ mm$$

b) La apreciación del micrómetro:

$$P_m = \frac{D_m}{N_m} = \frac{0.5[mm]}{50} = 0.01\ mm$$

c) Medidas con calibre con una apreciación de 0.05 mm.

Espesor: El cero en el nonius indica 2 mm enteros en la regla fija. Además, un valor de la regla fija coincide con el valor 7.5 del nonius que corresponde a 0.75 mm. La suma de 2 + 0.75 da como resultado **2.75 mm**.

Altura: El cero en el nonius indica 19 mm enteros enteros en la regla fija. Además, un valor de la regla fija coincide con el valor 8.5 del nonius que corresponde a 0.85 mm. La suma de 19 + 0.85 da como resultado **19.85 mm**.

Diámetro exterior: El cero en el nonius indica 25 mm enteros enteros en la regla fija. Además, un valor de la regla fija coincide con el valor 3.0 del nonius que corresponde a 0.30 mm. La suma de 25 + 0.30 da como resultado **25.30 mm**.

d) Medidas con micrómetro con una apreciación de 0.01 mm.

Espesor: En la parte superior de la regla fija están visibles 2 mm. Además, en la parte inferior de la regla fija están visibles 0.5 mm. Por otro lado, el valor 27 del nonius coincide con la línea horizontal de la regla fija que corresponde a 0.27 mm. La suma de 2 + 0.5 + 0.27 da como resultado **2.77 mm**.

Altura: En la parte superior de la regla fija están visibles 19 mm. Además, en la parte inferior de la regla fija están visibles 0.5 mm. Por otro lado, el valor 35 del nonius coincide con la línea horizontal de la regla fija que corresponde a 0.35 mm. La suma de 19 + 0.5 + 0.35 da como resultado **19.85 mm**.

Diámetro exterior: En la parte superior de la regla fija están visibles 25 mm. Además, en la parte inferior de la regla fija están visibles 0.0 mm. Por otro lado, el valor 29 del nonius coincide con la línea horizontal de la regla fija que corresponde a 0.29 mm. La suma de 25 + 0.0 + 0.29 da como resultado **25.29 mm**.

e) Esquema de la pieza medida con calibre y con micrómetro entre parentesis.

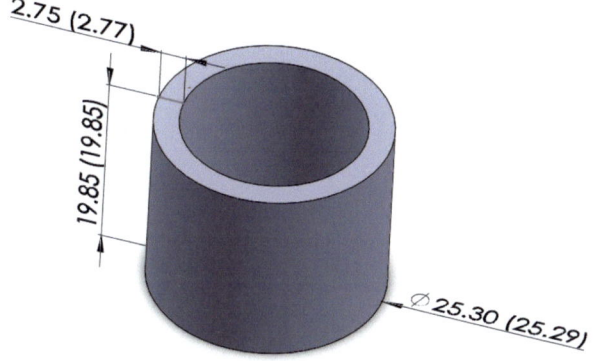

Problema 05: Calibración del micrómetro

Realice la calibración de un micrómetro y determine:

a) Valor medio de la calibración para estimar la repetibilidad, $\bar{x}_i$.

b) Corrección de calibración, c_{ci}.

c) Desviación típica de calibración, s_i.

d) Incertidumbre del patrón, u_p.

e) Incertidumbre por repetibilidad, u_r.

f) Incertidumbre típica, u_t.

g) Incertidumbre expandida, U, para una probabilidad de cobertura, k, del 68%, 95% y 99%.

Datos: Se utiliza un juego de bloques patrón longitudinales (BLP) de grado 2 de acuerdo con la norma UNE-EN ISO 3650:2000.

Se toman 10 medidas reiteradas a partir de un patrón de valor 9.8 mm.

n_i	x_i [mm]	n_i	x_i [mm]	n_i	x_i [mm]
1	9.80	5	9.81	9	9.80
2	9.81	6	9.80	10	9.81
3	9.81	7	9.81		
4	9.81	8	9.81		

Factor de cobertura, k, es 1, 2 y 3 para coberturas de 68%, 95% y 99%, respectivamente.

Solución.

$n_c = 10$ = número de medidas reiteradas.

$x_0 = 9.8$ mm = longitud del patrón.

$k_{68\%}$, $k_{95\%}$ y $k_{99\%}$, = 1, 2 y 3 = factor de cobertura para incertidumbre expandida con una probabilidad de cobertura del 68%, 95% y 99%.

a) El valor medio de la calibración para estimar la repetibilidad, $\bar{x}_i$, es el valor medio de una determinada cantidad de mediciones de la misma longitud.

$$\bar{x}_i = \frac{1}{n_c} \sum_{i=1}^{n_c} x_i$$

$$\bar{x}_i = \frac{1}{10}(9.80 + 9.81 + \cdots + 9.80 + 9.81) = \mathbf{9.807\ mm}$$

b) La corrección de calibración, c_{ci}, compensa los errores de tipo sistemático que permanecen constantes entre dos calibraciones sucesivas.

$$c_{ci} = x_0 - \bar{x}_i = 9.8 - 9.807 = \mathbf{-0.007\ mm}$$

c) La desviación típica de calibración, s_i, es incertidumbre de la dispersión de los valores:

$$s_i = \sqrt{\frac{1}{n_c - 1} \sum_{i=1}^{n_c} (x_i - \bar{x}_i)^2}$$

$$s_i = \sqrt{\frac{1}{10 - 1}\left((9.8 - 9.807)^2 + \cdots + (9.81 - 9.807)^2\right)} = \mathbf{0.00483\ mm}$$

d) La incertidumbre del patrón, u_p, se determina de la Tabla 06 (página 114). Para la longitud nominal entre 0.5 y 10 mm y para el grado 2 se escoge la máxima desviación de longitud, t_e, permitida en cualquier punto de la cara de medida respecto a la longitud nominal. Luego, u_p = 0.45 μm = **0.00045 mm**.

e) La incertidumbre por repetibilidad, u_r, se evalúa con el estimador estadístico de la desviación típica de la media a partir de mediciones repetidas en un punto, considerando que la distribución es normal:

$$u_r = \frac{s_i}{\sqrt{n_c}} = \frac{0.00483}{\sqrt{10}} = \boldsymbol{0.00153 \; mm}$$

f) La incertidumbre típica, u_t, está asociada a la determinación de la corrección en cada punto c_{ci}:

$$u_t = \sqrt{u_p^2 + \frac{s_i^2}{n_c}} = \sqrt{0.00045^2 + \frac{0.00483^2}{10}} = \boldsymbol{0.00159 \; mm}$$

g) La incertidumbre expandida, U, para la corrección de cada punto calibrado:
Para una probabilidad de cobertura del 68% el factor de cobertura, k, es 1.

$$U = k_{68\%} \cdot u_t = 1 \cdot 0.00159 = \boldsymbol{0.00159 \; mm = 0.002 \; mm}$$

El resultado es 9.800±0.002 mm para factor de cobertura igual a 1.

Para una probabilidad de cobertura del 95% el factor de cobertura, k, es 2.

$$U = k_{95\%} \cdot u_t = 2 \cdot 0.00159 = \boldsymbol{0.00318 \; mm = 0.003 \; mm}$$

El resultado es 9.800±0.003 mm para factor de cobertura igual a 2.

Para una probabilidad de cobertura del 99% el factor de cobertura, k, es 3.

$$U = k_{99\%} \cdot u_t = 3 \cdot 0.00159 = \boldsymbol{0.00477 \; mm = 0.005 \; mm}$$

El resultado es 9.800±0.005 mm para factor de cobertura igual a 3.

Problema 06: Tolerancias entre eje y agujero
Se quiere montar un rodamiento en un árbol. El diámetro nominal es de 20 mm. La tolerancia de apriete va desde 9 μm hasta 31 μm. Las calidades permitidas son IT5, IT6 e IT7. Determine las tolerancias utilizando el método del agujero único.

Puedes utilizar las tablas de posiciones y calidades en el Anexo VI (páginas 114-119).

Solución.

El diámetro nominal es de 20 mm. Los demás valores son desconocidos.

$$Ø20\ ??^?_?\ \ ??^?_?$$

El esquema del agujero y del eje indicando el apriento mín. (9 μm) y máx. (31 μm).

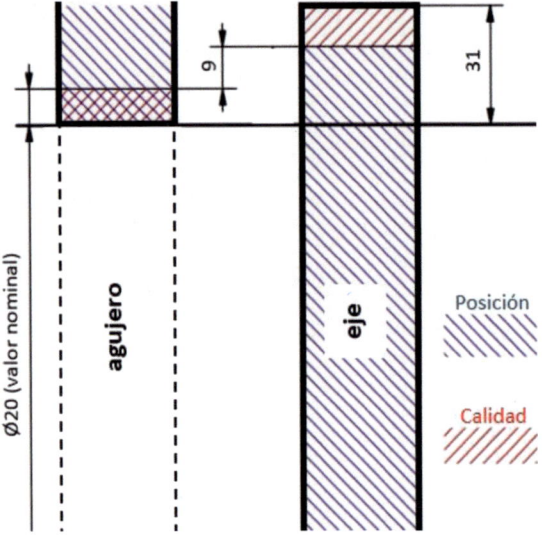

La posición del agujero único es "*H*".

$$Ø20\ H??^?_?\ \ ??^?_?$$

El límite inferior de la calidad del agujero único es 0 para el diámetro de 20 mm, según la Tabla 08.

Posición	Desviación inferior										
	A	B	C	CD	D	E	EF	F	FG	G	H
Calidad	Todas las calidades										
d ≤ 3	270	140	60	34	20	14	10	6	4	2	0
3 < d ≤ 6	270	140	70	46	30	20	14	10	6	4	0
6 < d ≤ 10	280	150	80	56	40	25	18	13	8	5	0
10 < d ≤ 14	290	150	95		50	32		16		6	0
14 < d ≤ 18											
18 < d ≤ 24	300	160	110		65	40		20		7	0
24 < d ≤ 30											
30 < d ≤ 40	310	170	120		80	50		25		9	0
40 < d ≤ 50	320	180	130								

$$\varnothing 20\ H?_0^?\quad ??_?^?$$

El apriete máximo es 31 μm. Se cuenta la distancia entre el límite inferior de la calidad de aguajero hasta el límite superior de la calidad del eje.

$$\varnothing 20\ H?_0^?\quad ??_?^{+31}$$

Agujero y eje tienen una de las 3 calidades permitidas IT5, IT6 o IT7.

$$\varnothing 20\ H5, 6, 7_0^?\quad ?5, 6, 7_?^?$$

Las calidades IT5, IT6 y IT7 para el diámetro de 20 mm, según la Tabla 07, son:

IT5 = 9 μm.

IT6 = 13 μm.

IT7 = 21 μm.

Grado Tolerancia Diámetro (mm)	Calidades (μm)							
	IT 4	IT 5	IT 6	IT 7	IT 8	IT 9	IT 10	IT 11
d ≤ 3	3	4	6	10	14	25	40	60
3 < d ≤ 6	4	5	8	12	18	30	48	75
6 < d ≤ 10	4	6	9	15	22	36	58	90
10 < d ≤ 18	5	8	11	18	27	43	70	110
18 < d ≤ 30	6	9	13	21	33	52	84	130
30 < d ≤ 50	7	11	16	25	39	62	100	160
50 < d ≤ 80	8	13	19	30	46	74	120	190
80 < d ≤ 120	10	15	22	35	54	87	140	220

El límite superior de la calidad del agujero (a partir del límite inferior del agujero) es:

$0[\mu m] + IT5 = 0[\mu m] + 9[\mu m] = +9 \ \mu m$

$0[\mu m] + IT6 = 0[\mu m] + 13[\mu m] = +13 \ \mu m$

$0[\mu m] + IT7 = 0[\mu m] + 21[\mu m] = +21 \ \mu m$

Los posibles límites superiors de la calidad del agujero son 9, 13 o 21 μm.

El límite inferior de la calidad del eje (a partir del límite inf. del agujero) es:

$0[\mu m] + IT5 + 9[\mu m] = 0[\mu m] + 9[\mu m] + 9[\mu m] = \mathbf{+18 \ \mu m}$

$0[\mu m] + IT6 + 9[\mu m] = 0[\mu m] + 13[\mu m] + 9[\mu m] = \mathbf{+22 \ \mu m}$

$0[\mu m] + IT7 + 9[\mu m] = 0[\mu m] + 21[\mu m] + 9[\mu m] = +30 \ \mu m$

El límite inferior de la calidad del eje (a partir del límite sup. del eje) es:

$+31[\mu m] - IT5 = +31[\mu m] - 9[\mu m] = \mathbf{+22 \ \mu m}$

$+31[\mu m] - IT6 = +31[\mu m] - 13[\mu m] = \mathbf{+18 \ \mu m}$

$+31[\mu m] - IT7 = +31[\mu m] - 21[\mu m] = +10 \ \mu m$

Los posibles límites inferiores de la calidad del eje son 18 o 22 μm.

Las posibles calidades del eje son $IT5(31 - 22 = 9 \ \mu m)$ o $IT6(31 - 18 = 13 \ \mu m)$.

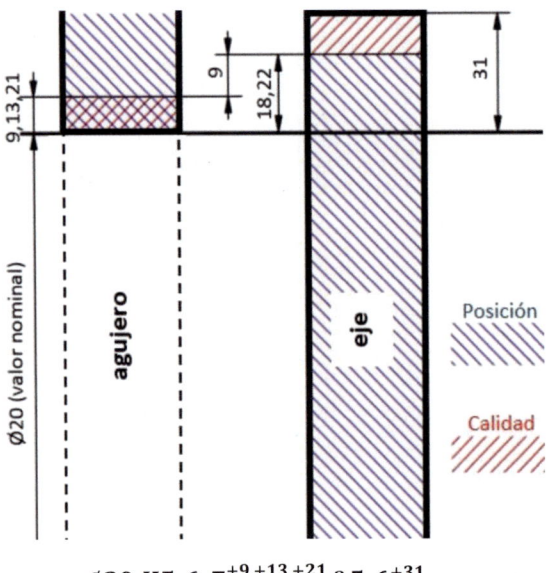

$$\varnothing 20 \ H5, 6, 7_0^{+9,+13,+21} \ ? \ 5, 6_{+18,+22}^{+31}$$

La posición del eje (para el diámetro de 20 mm) es "p" y el límite inferior de la calidad del eje es 22 µm, según la Tabla 11. La calidad se quedará en IT5.

Posición	Desviación inferior								
	m	n	p	r	s	t	u	v	x
Calidad	Todas las calidades								
d ≤ 3	2	4	6	10	14		18		20
3 < d ≤ 6	4	8	12	15	19		23		28
6 < d ≤ 10	6	10	15	19	23		28		34
10 < d ≤ 14	7	12	18	23	28		33		40
14 < d ≤ 18								39	45
18 < d ≤ 24	8	15	22	28	35		41	47	54
24 < d ≤ 30						41	48	55	64
30 < d ≤ 40	9	17	26	34	43	48	60	68	80
40 < d ≤ 50						54	70	81	97

$$\varnothing 20\ H5,6,7_0^{+9,+13,+21}\ p5_{+22}^{+31}$$

El límite superior de la calidad del agujero (a partir del límite inf. del eje) es:
$22[\mu m] - 9[\mu m] = +13\ \mu m = IT6$

$$\varnothing 20\ H6_0^{+13}\ p5_{+22}^{+31}$$

El esquema se aprecia en la figura abajo.

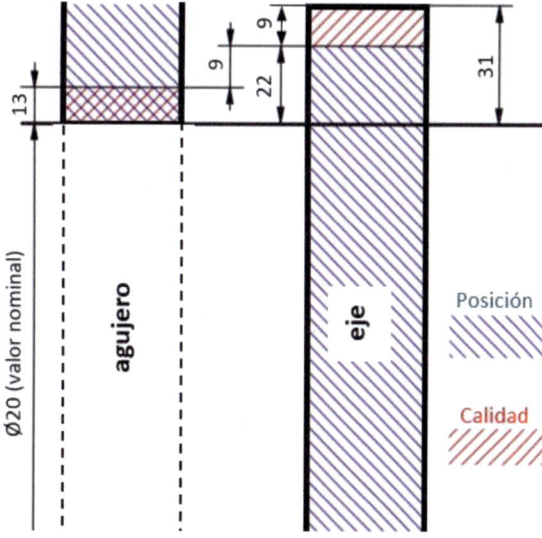

En este ajuste, el agujero tiene valor Ø20 H6 y el eje Ø20 p5.

El resultado es Ø20 H6/p5.

Problema 07:   Cálculo del intervalo de tolerancia (IT) o de calidad

Determine los intervalos de tolerancias que corresponden a las calidades 5, 6, 7 y 8 para un diámetro nominal de 39 mm que pertenece a grupo de diámetros de 30 a 50 mm. Compara los resultados con los valores en la Tabla 07.

Datos:

Calidad	IT 5	IT 6	IT 7	IT 8	IT 9	IT 10	IT 11
Tolerancia	7·i	10·i	16·i	25·i	40·i	64·i	100·i

Calidad	IT 12	IT 13	IT 14	IT 15	IT 16	IT 17	IT 18
Tolerancia	160·i	250·i	400·i	640·i	1000·i	1600·i	2500·i

Solución.

Se calcula la media geométrica, *d*, del grupo 30-50 mm:

$$d = \sqrt{d_{min} \cdot d_{max}} = \sqrt{30 \cdot 50} = \textbf{38.73 } \boldsymbol{mm}$$

Se calcula la unidad de precisión del grupo de diámetros, *i*:

$$i = \textbf{0.45}\sqrt[3]{\boldsymbol{d}} + \textbf{0.001}\boldsymbol{d} = 0.45\sqrt[3]{38.73} + 0.001 \cdot 38.73 = \textbf{1.56}$$

Finalmente se determina la tolerancia para cada calidad:

$$IT\ 5 = 7 \cdot i = 7 \cdot 1.56 = \textbf{10.92 } \boldsymbol{\mu m} \approx \textbf{11 } \boldsymbol{\mu m}$$

$$IT\ 6 = 10 \cdot i = 10 \cdot 1.56 = \textbf{15.6 } \boldsymbol{\mu m} \approx \textbf{16 } \boldsymbol{\mu m}$$

$$IT\ 7 = 16 \cdot i = 16 \cdot 1.56 = \textbf{24.96 } \boldsymbol{\mu m} \approx \textbf{25 } \boldsymbol{\mu m}$$

$$IT\ 8 = 25 \cdot i = 25 \cdot 1.56 = \textbf{39 } \boldsymbol{\mu m}$$

Comparando las tolerancias calculadas con las de la Tabla 07:

Calidad	IT 5	IT 6	IT 7	IT 8
30 < d ≤ 50	11 µm	16 µm	25 µm	39 µm

2. MOLDEO

El moldeo es un proceso de fabricación donde se deja solidificar metal líquido en un molde. El procedimiento más conocido es el moldeo en arena, sin embargo, existen otros tipos del moldeo como moldeo en cáscara, moldeo a la cera, moldeo al vacío, moldeo con poliestireno, moldeo por gravedad, moldeo en hueco, moldeo a presión, moldeo centrífugo, etc.

Este capítulo se va a centrar en:
- La solidificación
- El moldeo en arena y
- La fundición centrífuga.

2.1. Solidificación

Problema 08: Energía de temperatura de colado 1

Hay que fundir 2 m³ de un material metálico hipotético a partir de la temperatura ambiente, 25 ºC, hasta 100 ºC por encima de su temperatura de fusión. Calcule la energía necesaria para que el material metálico esté listo para empezar el proceso de moldeado.

Datos: T_f = 1 200 ºC, ρ = 8.2 g/cm³, C_s = 365 J/kg·ºC, C_l = 328 J/kg·ºC, H_f = 185 J/g.

Solución.

ρ = 8.2 g/cm³ = 8 200 kg/m³ = densidad.

V = 2 m³ = volumen.

T_0 = 25ºC = temperatura inicial.

T_f = 1 200ºC = temperatura de fusión.

T_c = 1 200ºC + 100ºC = 1 300ºC = temperatura de colado.

C_s = 365 J/kg·ºC = calor específico del metal sólido (J/kg·ºC).

C_l = 328 J/kg·ºC = calor específico del metal líquido (J/kg·ºC).

H_f = 185 J/g = 185 000 J/kg = calor latente de fusión.

Para determinar el calor total, H, es necesario conocer previamente: $H_{0\text{-}f}$, H_f y $H_{f\text{-}c}$, donde:

- $H_{0\text{-}f}$ es el calor necesario para subir la temperatura del material desde la T ambiente hasta la T de fusión.

- H_f es el calor necesario para convertir sólido a líquido.

- $H_{f\text{-}c}$ = es el calor necesario para subir la temperatura del material desde la T de fusión hasta la T de colado.

$$H = \rho V(H_{0\text{-}f} + H_f + H_{f\text{-}c}) = \rho V[C_s(T_f - T_0) + H_f + C_l(T_c - T_f)]$$

1) calor para elevar la temperatura de sólido hasta la temperatura de fusión:

$$H_{0\text{-}f} = C_s(T_f - T_0) = 365 \left[\frac{J}{kg\,ºC}\right] \cdot (1\,200[ºC] - 25[ºC]) = \mathbf{428\,875}\,\frac{J}{kg}$$

2) calor para convertir sólido a líquido (calor latente de fusión):

$$H_f = 185\ 000\ \frac{J}{kg}$$

3) calor para elevar la temperatura del metal fundido a la temperatura de colado:

$$H_{f-c} = C_l(T_c - T_f) = 328\left[\frac{J}{kg°C}\right] \cdot (1\ 300[°C] - 1\ 200[°C]) = 32\ 800\ \frac{J}{kg}$$

Finalmente, el calor total es:

$$H = \rho V\left[C_s(T_f - T_0) + H_f + C_l(T_c - T_f)\right] = \rho V(H_{0-f} + H_f + H_{f-c})$$

$$H = 8\ 200\left[\frac{kg}{m^3}\right] \cdot 2[m^3] \cdot (428\ 875 + 185\ 000 + 32\ 800)\left[\frac{J}{kg}\right] = 10.61 \cdot 10^9\ J$$

La energía necesaria para que el material metálico esté listo para empezar el proceso de moldeado es 10.61·10⁹ J.

Problema 09: Energía de temperatura de colado 2
En un proceso de moldeo se realiza el vertido de aluminio en un molde abierto de 50 cm de diámetro y 7 cm de altura. Determine la cantidad de calor necesario para llevar el aluminio hasta los 800 °C sabiendo que se produce una contracción del 6% del volumen desde la temperatura de colado hasta la temperatura ambiente.
Datos: T_f = 660 °C, T_0 = 25 °C, H_f = 389.3 J/g, $C_s = C_l = 0.21$ cal/g·°C, ρ = de 2.70 g/cm³.

Solución.

D = 50 cm = diámetro de la cavidad del molde.
h = 7 cm = altura de la cavidad del molde.
T_0 = 25 °C = temperatura ambiente.
T_f = 660 °C = temperatura de fusión del aluminio.
T_c = 800 °C = temperatura final del aluminio.
H_f = 389.3 J/g = calor de fusión del aluminio.
$C_s = C_l = 0.21$ cal/g·°C, 1 cal = 4.187 J → 0.88 J/g·°C = calor específico del Al en estado sólido y líquido.
ρ = 2.70 g/cm³ = densidad del aluminio.

Para hallar el calor necesario usaremos la ecuación:

$$H = \rho \cdot V \left[C_s \left(T_f - T_o \right) + H_f + C_l \left(T_c - T_f \right) \right]$$

Para calcular el calor antes calcularemos el volumen de aluminio que se usará:

- Volumen del molde y de aluminio a temperatura de colado:

$$V_o = \pi \frac{D^2}{4} \cdot h = \pi \frac{50[cm]^2}{4} \cdot 7[cm] = 13\ 744.5\ cm^3$$

- Volumen de aluminio a temperatura ambiente:

$$V = V_o \cdot 0.94 = 13\ 744.5[cm^3] \cdot 0.94 = \mathbf{12\ 919.8\ cm^3}$$

Finalmente calculamos el calor necesario a partir del volumen obtenido:

$$H = \rho \cdot V \left[C_s \left(T_f - T_o \right) + H_f + C_l \left(T_c - T_f \right) \right]$$

$$H = 2.70 \left[\frac{g}{cm^3} \right] \cdot 12\ 919.8[cm^3] \cdot$$

$$\cdot \left[0.88 \left[\frac{J}{g \cdot {}^{\circ}C} \right] \cdot (660 - 25)[{}^{\circ}C] + 389.3 \left[\frac{J}{g} \right] + 0.88 \left[\frac{J}{g \cdot {}^{\circ}C} \right] (800 - 660)[{}^{\circ}C] \right] =$$

$$= 37\ 370\ 650.7\ J = \mathbf{37.4\ MJ}$$

Problema 10:   Características del bebedero
El caudal necesario para el bebedero de un molde es de 1.5 litros/s. La sección transversal del bebedero en la parte superior tiene un área de 1 000 mm². La longitud del bebedero es 200 mm de longitud. ¿Qué área es necesaria en la base del bebedero para evitar que se aspire el fluido?

Solución.

Para resolver el problema hay que usar la ecuación de Bernoulli:

$$h_1 + \frac{P_1}{\rho} + \frac{v_1^2}{2g} + F_1 = h_2 + \frac{P_2}{\rho} + \frac{v_2^2}{2g} + F_2$$

h = altura, m.
P = presión en el líquido, Pa.
ρ = densidad, kg/m³.
g = aceleración de la gravedad, 9.81 m/s².

v = velocidad de flujo, m/s.

F = pérdida de carga por fricción, m.

Los subíndices 1 y 2 son dos puntos cualesquiera del fluido.

Tomando el punto 1 en la parte superior del bebedero y el punto 2 en la parte inferior del mismo, la ecuación de Bernoulli se simplifica quedando de la siguiente forma:

$$h_1 = \frac{v_2^2}{2g} \rightarrow v_2 = \sqrt{2gh_1}$$

Por otra parte, la ecuación de ley de continuidad viene dada por la siguiente expresión:

$$Q = A_1v_1 = A_2v_2$$

Q = 1.5 l/s = 1.5·10^{-3} m³/s = caudal.

v = velocidad, m/s.

A_1 = 1 000 mm² = sección transversal del bebedero en la parte superior.

h_1 = 200 mm = 0.2 m = longitud del bebedero.

Los subíndices 1 y 2 son dos puntos cualesquiera del fluido.

Tomando las ecuaciones anteriores y sustituyendo los valores, se obtienen los siguientes resultados:

$$v_2 = \sqrt{2gh_1} = \sqrt{2 \cdot 9.81 \left[\frac{m}{s^2}\right] \cdot 0.2[m]} = 1.9809 \frac{m}{s} = 1\,980.9 \frac{mm}{s}$$

$$Q = A_2v_2 \rightarrow A_2 = \frac{Q}{v_2} = \frac{1.5 \cdot 10^6 \left[\frac{mm^3}{s}\right]}{1\,980.9 \left[\frac{mm}{s}\right]} = 757.23 \; mm^2$$

Finalmente, para evitar la aspiración del fluido el bebedero de cumplir que:

- el bebedero sea de forma cónica.
- la velocidad del fluido en el punto 1 debe ser menor que en el punto 2.
- el caudal sea igual en los puntos 1 y 2.
- el área en el punto 1 tiene que ser mayor que en punto 2.

Problema 11: Caudal, velocidad y tiempo de colado

En el diseño de un molde de arena para fabricar piezas de aluminio se observa que el volumen de la cavidad es 2.83 dm³ y la altura del bebedero es 25 cm. La longitud y el área del vaciadero horizontal es 10 cm y 3 cm², respectivamente. La base del bebedero tiene la misma área como el vaciadero.

Determine:

a) ¿Qué caudal y velocidad se pueden esperar en el final del bebedero?

b) ¿Cuánto tiempo tardará en llenarse la cavidad del molde?

Solución.

h_1 = 25 cm = 0.25 m = altura.

A = 3 cm² = 0.0003 m² = área de la parte inferior del bebedero.

V = 2.83 dm³ = 0.00283 m³ = volumen de la cavidad.

g = 9.81 m/s² = aceleración de la gravedad.

a) Primero hay que determinar la velocidad, v, que alcanzará el metal líquido en la parte inferior del bebedero.

$$h_1 = \frac{v_2^2}{2g} \Rightarrow v_2 = \sqrt{2gh_1} = \sqrt{2 \cdot 9.81 \left[\frac{m}{s^2}\right] \cdot 0.25[m]} = 2.215 \frac{m}{s}$$

La velocidad en el final del bebedero es 2.215 m/s.

El **caudal**, Q, sigue la siguiente fórmula:

$$Q = A_2 v_2 = 0.0003[m^2] \cdot 2.215 \left[\frac{m}{s}\right] = 0.6645 \cdot 10^{-3} \frac{m^3}{s}$$

El caudal en el final del bebedero es 0.6645x10⁻³ m³/s.

b) El tiempo para llenar la cavidad del molde depende del volumen de la cavidad y del caudal.

$$t = \frac{V}{Q} = \frac{0.00283[m^3]}{0.6645 \cdot 10^{-3} \left[\frac{m^3}{s}\right]} = 4.26 \ s$$

El **tiempo** mínimo, t, (se ignoran pérdidas por fricción y la posible obstrucción del flujo en el sistema de paso) para llenar la cavidad del molde es 4.26 s.

Problema 12:   Características teóricas y reales del colado

Se desea hacer una pieza en un molde de arena donde el vertido se hace con caudal constante, despreciando el material que queda en el embudo. El área de la sección transversal en la parte superior del bebedero es de 2.4 cm² y de la base es de 2.1 cm², siendo la longitud del bebedero de 38 cm. Por otra parte, el vaciadero que lleva al bebedero tiene la misma área que la base del bebedero y tiene 21 cm de largo antes de la cavidad que tiene un volumen de 1 000 cm³. Para realizar la operación de forma correcta, hay una mazarota que esta a lo largo del vaciadero con un volumen de 400 cm³. Para llenar todos los elementos (cavidad, mazarota, vaciadero y bebedero) se tarda un total de 3 segundos, siendo este tiempo mayor del que en teoría se requiere ya que hay pérdidas por fricción en el bebedero y el vaciadero.

Calcular:

a) La velocidad y caudal teóricos en la base del bebedero.

b) El volumen total del molde.

c) El tiempo teórico para llenar la cavidad y el molde (cavidad, mazarota, vaciadero y bebedero).

d) El caudal y la velocidad reales en la base del bebedero, teniendo en cuenta la fricción.

e) La altura del bebedero y la pérdida de altura en el sistema debido a la fricción.

Solución.

A_1 = 2.4 cm² = área de la parte superior del bebedero.

A_2 = 2.1 cm² = área de la parte inferior del bebedero.

h_1 = 38 cm = 0.38 m = altura del bebedero.

$h_{vaciadero}$ = 21 cm = longitud del vaciadero.

g = 9.81 m/s² = aceleración de la gravedad.

$V_{cavidad}$ = 1 000 cm³ = volumen de la cavidad.

$V_{mazarota}$ = 400 cm³ = volumen de la mazarota.

a) Para resolver este apartado, es necesario usar la fórmula de Bernoulli simplificada:

$$h_1 = \frac{v_2^2}{2g} \rightarrow v_2 = \sqrt{2gh_1}$$

Tomando 1 en la parte superior del bebedero y 2 en la base de este, se tiene que la velocidad teórica es:

$$v_2 = \sqrt{2gh_1} = \sqrt{2 \cdot 9.81 \left[\frac{m}{s^2}\right] \cdot 0.38[m]} = 2.73 \ \frac{m}{s} = 273 \ \frac{cm}{s}$$

Para calcular el caudal en la base del bebedero hay que usar la expresión:

$$Q = A_2 v_2 = 2.1[cm^2] \cdot 273 \left[\frac{cm}{s}\right] = 573.3 \ \frac{cm^3}{s}$$

b) Para obtener el volumen total del molde hay que sumar el volumen de la cavidad, el de la mazarota, el del bebedero y el del vaciadero, esto queda:

$$V_{total} = V_{cavidad} + V_{mazarota} + V_{bebedero} + V_{vaciadero}$$

$$V_{bebedero} = \frac{A_1 + A_2}{2} \cdot h_1 = \frac{2.4 + 2.1}{2} \cdot 38 = 85.5 \ cm^3$$

$$V_{vaciadero} = A_2 \cdot h_{vaciadero} = 2.1 \cdot 21 = 44.1 \ cm^3$$

$$V_{total} = 1000 + 400 + \left(\frac{2.4 + 2.1}{2} \cdot 38\right) + (2.1 \cdot 21) = 1529.6 \ cm^3$$

c) El tiempo de llenado depende del volumen por rellenar y del caudal del flujo.

$$t_{cavidad} = \frac{V_{cavidad}}{Q} = \frac{0.001[m^3]}{0.5733 \cdot 10^{-3} \left[\frac{m^3}{s}\right]} = 1.7 \ s$$

$$t_{molde} = \frac{V_{total}}{Q} = \frac{0.0015296[m^3]}{0.5733 \cdot 10^{-3} \left[\frac{m^3}{s}\right]} = 2.7 \ s$$

d) El caudal y la velocidad reales en la base del bebedero se calcula de la siguiente forma:

$$Q' = \frac{V_{total}}{t} = \frac{1529.6 \ [cm^3]}{3[s]} = 510.0 \ \frac{cm^3}{s}$$

$$v_2' = \frac{Q'}{A_2} = \frac{510.0 \left[\frac{cm^3}{s}\right]}{2.1[cm^2]} = 242.8 \ \frac{cm}{s}$$

e) La altura real, contando con el efecto de la fricción, se calcula con la ecuación de Bernoulli simplificada citada en el apartado a):

$$h_1{}' = \frac{(v_2{}')^2}{2g} = \frac{242.8^2 \left[\frac{\text{cm}}{\text{s}}\right]^2}{2 \cdot 981 \left[\frac{\text{cm}}{\text{s}^2}\right]} = 30\ cm$$

Finalmente, la pérdida de altura H es:

$$H = \text{h} - \text{h}_1{}' = 38 - 30 = 8\ cm$$

Problema 13: Contracción

En un molde, el espacio interior para moldear las piezas es de forma cúbica con 150 mm de lado. Calcule las dimensiones finales y volumen de una pieza de cobre moldeada una vez esté a temperatura ambiente.

Datos:

La contracción lineal de fase líquida (L) es del 0.5%.

La contracción lineal durante la solidificación (L→S) es del 4.5%.

La contracción lineal de fase sólida (S) es del 7.5%.

El molde está lleno al inicio de la solidificación, y la contracción es igual en todas las direcciones.

Solución.

Para resolver el problema hay que tener en cuenta las 3 contracciones que se producen alo largo de la solidificación:

1) Contracción inicial en la fase líquida:

$$C_L = 150[mm] \cdot 0{,}995 = 149.25\ mm$$

2) Contracción durante la solidificación:

$$C_{L-S} = 149.25[mm] \cdot 0.955 = 142.53\ mm$$

3) Contracción final en la fase sólida:

$$C_S = 142.53[mm] \cdot 0.925 = 131.84\ mm$$

La longitud final del cubo es:

$$L_{pieza} = 131.84\ mm$$

El volumen final del cubo es:

$$V_{pieza} = \left(L_{pieza}\right)^3 = (131.84)^3 [mm^3] = 2\,291\,808.54\; mm^3 = \mathbf{2.29\; dm^3}$$

Problema 14: Expansión

A partir de una pieza moldeada de forma cúbica de aluminio, se desean conocer las dimensiones (la longitud y volumen) de la cavidad del molde donde se fabricó. Los lados del cubo de aluminio miden 125 mm. Suponer que la contracción fue uniforme en todas las direcciones y que el molde estaba lleno al inicio de la solidificación.

Tener en cuenta lo siguiente:

La contracción de la fase líquida (L) es del 0.5%.

La contracción durante la solidificación (L→S) es del 7.0%.

La contracción en la fase sólida (S) es del 5.6%.

Solución.

Para obtener las dimensiones de la cavidad del molde, hay que tener en cuenta las 3 contribuciones de contracción o en nuestro caso expansión que se producen a lo largo del calentamiento:

1) Expansión inicial en la fase sólida:

$$C_S = \frac{125[mm]}{0.944} = \mathbf{132.42\; mm}$$

2) Expansión durante la solidificación:

$$C_{L-S} = \frac{132.42[mm]}{0.93} = \mathbf{142.38\; mm}$$

3) Expansión final en la fase líquida:

$$C_L = \frac{142.38[mm]}{0.944} = \mathbf{143.10\; mm}$$

La longitud final de la cavidad del molde es:

$$L_{cavidad} = \mathbf{143.10\; mm}$$

El volumen final de la cavidad del molde es:

$$V_{cavidad} = (L_{cavidad})^3 = (143.10)^3 [mm^3] = 2\,930\,191.26\; mm^3 = \mathbf{2.93\; dm^3}$$

Problema 15: Escala de la regla de contracción
Se quieren fabricar una pieza por moldeo de tres metales diferentes. ¿Cuál será la escala de la regla de contracción utilizada? Aplica los valores a una longitud de 300 mm y compáralos con una regla estándar de 300 mm.

Metal	Contracción lineal
Fundición gris	1.0%
Acero al carbono	1.8%
Zinc	2.6%

Solución.

Nos facilitan el porcentaje de contracción de cada aleación, por lo tanto, aplicamos la siguiente expresión para las distintas aleaciones:

$$\text{Contracción lineal} = 1 - \%contracción$$

$$\text{Elongación} = \frac{1}{\text{Contracción lineal}}$$

$$\text{Para longitud de } 300mm = 300[mm] \cdot (\text{Elongación})$$

$$\text{Longitud sobrante} = (\text{Para longitud de } 300mm) - 300mm$$

Fundición gris:

$$\text{Contracción lineal} = 1 - 0.01 = 0.99$$

$$\text{Elongación} = \frac{1}{0.99} = 1.\overline{01}$$

$$\textbf{Para longitud de 300 } \textbf{\textit{mm}} = 300[mm] \cdot 1.\overline{01} = \textbf{303}.\overline{\textbf{03}} \textbf{ \textit{mm}}$$

$$\textbf{Longitud sobrante} = 303.\overline{03} - 300 = \textbf{3}.\overline{\textbf{03}} \textbf{ \textit{mm}}$$

Acero al carbono:

$$\text{Contracción lineal} = 1 - 0.018 = 0.982$$

$$\text{Elongación} = \frac{1}{0.982} = 1.01833$$

$$\textbf{Para longitud de 300 } \textbf{\textit{mm}} = 300[mm] \cdot 1.01833 = \textbf{305}.\textbf{499} \textbf{ \textit{mm}}$$

$$\textbf{Longitud sobrante} = 305.499 - 300 = \textbf{5}.\textbf{50} \textbf{ \textit{mm}}$$

Zinc:

$$\text{Contracción lineal} = 1 - 0.026 = 0.974$$

$$\text{Elongación} = \frac{1}{0.974} = 1.0267$$

Para longitud de 300 mm $= 300[mm] \cdot 1.0267 = \mathbf{308.008\ mm}$

Longitud sobrante $= 308.008 - 300 = \mathbf{8.01\ mm}$

Problema 16: Regla de Chvorinov (tiempo de solidificación)
Debido a las experiencias anteriores se sabe que la constante del molde para el acero es de 4.0 min/cm². Determine el tiempo total de solidificación para:
a) Una esfera de 6.2 cm de radio,
b) Un cubo de 10 cm de lado,
c) Un disco de 7.98 cm de radio y 5 cm de altura y
d) Un prisma de 4 · 5 · 50 cm.
El volumen para todas las piezas es de 1 000 cm³.
¿Qué forma de la pieza va a tardar más tiempo para solidificar?

Solución.

Aplicamos la regla de Chvorinov para los tres casos:

$$t_s = C_m \left(\frac{V}{A}\right)^2$$

t_s = tiempo total de solidificación
C_m = 4.0 min/cm² = constante del molde
V = 1 000 cm³ = volumen del fundido
A = área de la superficie del fundido

a) Esfera de 6.2 cm de radio.

$$A = 4\pi r^2 = 4\pi \cdot 6.2^2 = \mathbf{483.05\ cm^2}$$

$$t_{s(f)} = C_m \left(\frac{V}{A}\right)^2 = 4.0 \left[\frac{min}{cm^2}\right]\left(\frac{1\ 000[cm^3]}{483.05[cm^2]}\right)^2 = \mathbf{17.14\ min}$$

b) Cubo de 10 cm de lado.

$$A = 6 \cdot 10^2 [cm^2] = \mathbf{600 \ cm^2}$$

$$t_{s(f)} = C_m \left(\frac{V}{A}\right)^2 = 4.0 \left[\frac{min}{cm^2}\right]\left(\frac{1\,000[cm^3]}{600[cm^2]}\right)^2 = \mathbf{11.\overline{1} \ min}$$

c) Disco de 7.98 cm de radio y 5 cm de altura.

$$A = 2 \cdot base + cilindro = 2(\pi \cdot 7.98^2 [cm^2]) + 2\pi \cdot 7.98[cm] \cdot 5[cm]$$
$$= 400.12 + 250.70 = \mathbf{650.82 \ cm^2}$$

$$t_{s(f)} = C_m \left(\frac{V}{A}\right)^2 = 4.0 \left[\frac{min}{cm^2}\right]\left(\frac{1\,000[cm^3]}{650.82[cm^2]}\right)^2 = \mathbf{9.44 \ min}$$

d) Prisma de 4·5·50 cm.

$$A = 2 \cdot (4 \cdot 5)[cm^2] + 2 \cdot (5 \cdot 50)[cm^2] + 2 \cdot (4 \cdot 50)[cm^2] = \mathbf{940 \ cm^2}$$

$$t_{s(f)} = C_m \left(\frac{V}{A}\right)^2 = 4.0 \left[\frac{min}{cm^2}\right]\left(\frac{1\,000[cm^3]}{940[cm^2]}\right)^2 = \mathbf{4.53 \ min}$$

Mayor tiempo de solidificación tendrá siempre una esfera, ya que, tiene la menor área superficial para un volumen constante.

Problema 17: Regla de Chvorinov (máximo tiempo de solidificación)
a) Para un proceso de moldeo en arena determine, cual es la razón de diámetro y longitud de una mazarota cilíndrica para que el tiempo de solidificación del fundido sea máximo. Suponga que el volumen es constante.
b) Determine la longitud de una mazarota con diámetro 12 cm para que el tiempo de solidificación del fundido sea máximo.

Solución.

t_s = tiempo total de solidificación.
C_m = constante del molde.
V = volumen del fundido.
A = área de la superficie del fundido.
D = diámetro de la mazarota cilíndrica.
L = longitud de la mazarota cilíndrica.

a) Según la ley de Chvorinov,

$$t_s = C_m \left(\frac{V}{A}\right)^2$$

para que t_s se maximice, V/A también deben maximizarse.
Volumen del cilindro.

$$V = L \frac{\pi D^2}{4} \rightarrow L = \frac{4V}{\pi D^2}$$

Área del cilindro.

$$A = 2 \frac{\pi D^2}{4} + \pi D L$$

Sustituimos la expresión de L en la ecuación del área:

$$A = 2 \frac{\pi D^2}{4} + \pi D L = \frac{\pi D^2}{2} + \pi D \left(\frac{4V}{\pi D^2}\right) = \frac{\pi D^2}{2} + \frac{4V}{D}$$

Derivamos la expresión del área con respecto del diámetro para maximizar la ecuación:

$$\frac{dA}{dD} = \pi D - \frac{4V}{D^2} = 0$$

Si ordenamos obtenemos que:

$$\pi D = \frac{4V}{D^2} \rightarrow V = \frac{\pi D^3}{4}$$

De la expresión anterior de L, sustituimos con la ecuación de D.

$$L = \frac{4V}{\pi D^2} = \frac{4 \frac{\pi D^3}{4}}{\pi D^2} \rightarrow \boldsymbol{L = D}$$

Obtenemos así que la expresión de D y L son iguales por lo tanto la razón de D/L óptimo es 1.

b) Para un diámetro de mazarota de 12 cm su longitud maximizada también sería 12 cm.

Problema 18: Regla de Chvorinov (dimensiones del vertedor)

Para un molde de fundición en arena se desea obtener una pieza de acero de dimensiones 12 cm · 6.5 cm · 2.5 cm. Debe diseñarse una mazarota cilíndrica tal que el tiempo total de solidificación pase de 1.4 min a 2.0 min. Calcule las dimensiones del vertedor a partir de la ley de Chvorinov si la relación diámetro-altura de este es igual a 1.

Solución.

D = diámetro de la mazarota cilíndrica.

H = altura de la mazarota cilíndrica.

T_{Ts0} = 1.4 min = tiempo total de solidificación sin mazarota.

T_{Ts} = 2 min = tiempo total de solidificación con mazarota.

$L \cdot w \cdot t$ = 12 cm · 6.5 cm · 2.5 cm = longitud · ancho · espesor.

C_m = constante del molde.

Resolveremos el problema usando la ley de Chvorinov:

$$t_s = C_m \left(\frac{V}{A}\right)^2$$

Calculamos el volumen y el área total del molde:

$$V = L \cdot w \cdot t = 12[cm] \cdot 6.5[cm] \cdot 2.5[cm] = \mathbf{195\ cm^3}$$

$$A = 2\big((L \cdot w) + (w \cdot t) + (L \cdot t)\big)$$
$$= 2(12[cm] \cdot 6.5[cm] + 6.5[cm] \cdot 2.5[cm] + 12.5[cm] \cdot 2.5[cm])$$
$$= \mathbf{248.5\ cm^2}$$

Ahora sustituimos los valores y calculamos C_m:

$$C_m = \frac{T_{s(f)}}{\left(\frac{V}{A}\right)^2} = \frac{1.4[min]}{\left(\frac{195[cm^3]}{248.5[cm^2]}\right)^2} = \mathbf{2.27}\ \frac{\mathbf{min}}{\mathbf{cm^2}}$$

Calculamos el volumen y el área de la mazarota cilíndrica, y sustituimos H por D ya que son iguales por la relación dada, $D/H=1$:

$$V = \frac{D^2}{4} \cdot \pi \cdot H = \frac{D^3}{4} \cdot \pi$$

$$A = (\pi D \cdot H) + \left(\pi \frac{D^2}{4} \cdot 2 \right) = \frac{3\pi D^2}{2}$$

$$\frac{V}{A} = \frac{D}{6}$$

Sustituimos en la ley de Chvorinov y despejamos D:

$$T_{s(f)} = C_m \left(\frac{V}{A} \right)^2 = 2[min] = 2.27 \left[\frac{min}{cm^2} \right] \times \left(\frac{D}{6} \right)^2$$

$$D = \sqrt{\frac{2[min]}{2.27 \left[\frac{min}{cm^2} \right]}} \times 6 = \mathbf{5.63\ cm}$$

Las dimensiones de la mazarota cilíndrica serán:

$$D = \mathbf{5.63\ cm}\ \text{y}\ H = \mathbf{5.63\ cm}$$

Problema 19: Regla de Chvorinov (fundidos de diferentes tamaños)

Una pieza de acero con densidad de 7.85 g/cm³ y fabricada por moldeo en arena pesa unos 9 kg. Su forma es un cilindro con 10 cm de diámetro. El proceso de la solidificación dura unos 6 minutos. Otra pieza cilíndrica del acero pesa 5.5 kg y mantiene la razón diámetro/longitud igual que la pieza anterior. Determine:

a) La constante del molde.
b) Las dimensiones de la pieza más pequeña.
c) El tiempo de la solidificación de la pieza más pequeña.

Solución.

ρ = 7.85 g/cm³ = densidad del acero.
C_m = constante del molde.
t_s = 6 min = tiempo total de solidificación.
V = volumen del fundido.
A = área de la superficie del fundido.
D = 10 cm = diámetro del fundido.
L = longitud del fundido.
m = 9 kg = 9 000 g = peso del fundido.
m_2 = 5.5 kg = peso del fundido más ligero.

V_2, A_2, D_2, L_2, t_{s2} = valores para fundido más ligero.

a) Calculamos primero el volumen del acero.

$$\rho = \frac{m}{V} \rightarrow \boldsymbol{V} = \frac{m}{\rho} = \frac{9\,000[g]}{7.85\left[\frac{g}{cm^3}\right]} = \boldsymbol{1\,146.50\ cm^3}$$

Ahora calculamos la longitud.

$$V = L \cdot \frac{\pi D^2}{4} \rightarrow \boldsymbol{L} = V \cdot \frac{4}{\pi D^2} = 1\,146.50[cm^3] \cdot \frac{4}{\pi \cdot 10^2[cm]^2} = \boldsymbol{14.60\ cm}$$

Obtenemos el área.

$$\boldsymbol{A} = 2\frac{\pi D^2}{4} + \pi DL = 2\frac{\pi \cdot 10^2[cm]^2}{4} + \pi \cdot 10[cm] \cdot 14.60[cm] = \boldsymbol{615.75\ cm^2}$$

A partir de la fórmula de Chvorinov

$$t_s = C_m \left(\frac{V}{A}\right)^2 \rightarrow \boldsymbol{C_m} = \frac{t_s}{\left(\frac{V}{A}\right)^2} = \frac{6[min]}{\left(\frac{1\,146.50[cm^3]}{615.75[cm^2]}\right)^2} = \boldsymbol{1.73\ \frac{min}{cm^2}}$$

b) Buscamos las dimensiones para fundido más pequeño:
El peso es proporcional al volumen:

$$\boldsymbol{V_2} = \frac{m_2}{m} \cdot V = \frac{5.5[kg]}{9[kg]} \cdot 1\,146.50[cm^3] = \boldsymbol{700.64\ cm^3}$$

La relación entre diámetro y longitud del fundido más pequeño.

$$\frac{D}{L} = \frac{D_2}{L_2} = \frac{10[cm]}{14.60[cm]} = 0.685 \rightarrow \boldsymbol{L_2} = \frac{D_2}{0.685}$$

Obtenemos así el diámetro.

$$V_2 = L_2 \cdot \frac{\pi D_2^2}{4} = \left(\frac{D_2}{0.685}\right) \cdot \frac{\pi D_2^2}{4} = 0.365 \cdot \pi D_2^3 \longrightarrow$$

$$\boldsymbol{D_2} = \sqrt[3]{\frac{V_2}{0.365 \cdot \pi}} = \sqrt[3]{\frac{700.64[cm^3]}{1.147}} = \boldsymbol{8.485\ cm}$$

Finalmente, la longitud es:

$$L_2 = \frac{D_2}{0.685} = \frac{8.485[cm]}{0.685} = \mathbf{12.388\ cm}$$

c) Buscamos el tiempo de solidificación total del fundido más pequeño a partir de la fórmula de Chvorinov.

$$V_2 = \pi \frac{D_2^2}{4} \cdot L_2 = \pi \frac{8.485^2[cm]^2}{4} \cdot 12.388[cm] = \mathbf{700.48\ cm^3}$$

$$A_2 = 2\frac{\pi D_2^2}{4} + \pi D_2 L_2 = 2\frac{\pi \cdot 8.485^2[cm]^2}{4} + \pi \cdot 8.485[cm] \cdot 12.388[cm]$$
$$= \mathbf{443.31\ cm^2}$$

$$t_{s2} = C_m \left(\frac{V_2}{A_2}\right)^2 = 1.73\left[\frac{min}{cm^2}\right]\left(\frac{700.48\ [cm^3]}{443.31[cm^2]}\right)^2 = \mathbf{4.3\ min}$$

Problema 20: Regla de Chvorinov (diseño de la mazarota 1)

El fundido, en proceso de moldeo en arena, es una placa rectangular con longitud de 15 cm, ancho 8 cm y espesor 1.5 cm. El tiempo total de solidificación del fundido es de 4.8 min. ¿Cuál es el diámetro de la mazarota esférica si tiene que solidificar 17% de tiempo más tarde que el fundido?

Solución.

L, w, t = 15 cm, 8 cm, 1.5 cm = longitud, ancho, espesor del fundido.
t_s = 4.8 min = tiempo total de solidificación.
C_m = constante del molde.
V, A, D = volumen, área de la superficie, diámetro del fundido.

Calculo de volumen y área del fundido.

$$V = L \cdot w \cdot t = 15 \cdot 8 \cdot 1.5 = \mathbf{180\ mm^3}$$

$$A = 2(L \cdot w + w \cdot t + L \cdot t) = 2(15 \cdot 8 + 8 \cdot 1.5 + 15 \cdot 1.5) = \mathbf{309\ mm^2}$$

Ahora se determina la constante del molde.

$$t_s = C_m \left(\frac{V}{A}\right)^2 \rightarrow C_m = \frac{t_s}{\left(\frac{V}{A}\right)^2} = \frac{4.8[min]}{\left(\frac{180[cm^3]}{309[cm^2]}\right)^2} = \mathbf{14.145\ \frac{min}{cm^2}}$$

Tiempo de solidificación de mazarota esférica.

$$t_s = 1.17[+17\%] \cdot 4.8[min] = \mathbf{5.616 \ min}$$

V/A de mazarota esférica.

$$\frac{V}{A} = \frac{\frac{4}{3}\pi r^3}{4\pi r^2} = \frac{r}{3} = \frac{D}{6}$$

diámetro de la mazarota esférica.

$$t_s = C_m \left(\frac{V}{A}\right)^2 = C_m \left(\frac{D}{6}\right)^2 \rightarrow \boldsymbol{D} = 6 \cdot \sqrt{\frac{t_s}{C_m}} = 6 \cdot \sqrt{\frac{5.616[min]}{14.145\left[\frac{min}{cm^2}\right]}} = \mathbf{3.78 \ cm}$$

Problema 21: Regla de Chvorinov (diseño de la mazarota 2)

En un moldeo en arena el fundido tiene tamaño y forma según la figura abajo (unidades en mm). Todos los valores están en milímetros. La constante del molde es de 2.17 min/cm² en la regla de Chvorinov. ¿Cuáles son las dimensiones de la mazarota para que solidifique 0.5 min más tarde que el fundido? La razón diámetro a longitud de la mazarota tiene que ser 1.0.

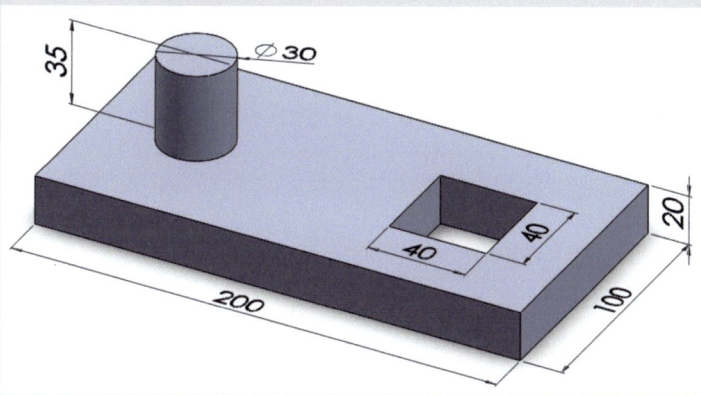

Solución.

Resolveremos el problema usando la ley de Chvorinov:

$$t_s = C_m \left(\frac{V}{A}\right)^2$$

Calculamos el volumen total de la pieza:

$$V_{fundido} = V_{base} + V_{cilindro} - V_{hueco}$$

$$\boldsymbol{V_{base}} = (20[cm] \cdot 10[cm] \cdot 2[cm]) = \boldsymbol{400 \ cm^3}$$

$$\boldsymbol{V_{cilindro}} = \pi \frac{D^2}{4} \cdot h = \left(\pi \cdot \frac{3^2[cm]^2}{4} \times 3[cm] \right) = \boldsymbol{21.21 \ cm^3}$$

$$\boldsymbol{V_{hueco}} = 4[cm] \cdot 4[cm] \cdot 2[cm] = \boldsymbol{32 \ cm^3}$$

$$\boldsymbol{V_{fundido}} = 400 + 21.21 - 32 = \boldsymbol{389.21 \ cm^3}$$

Calculamos el área total de la pieza:

$$\begin{aligned} \boldsymbol{A_{fundido}} &= 2(10 \cdot 2) + 2(20 \cdot 2) + 4(4 \cdot 2) + [2(20 \cdot 10 - 4 \cdot 4)] + (\pi \cdot 3 \cdot 3) \\ &= \boldsymbol{548.27 \ cm^2} \end{aligned}$$

Regla de Chvorinov:

$$\boldsymbol{t_s} = C_m \cdot \left(\frac{V_{fundido}}{A_{fundido}} \right)^2 = 2.17 \left[\frac{min}{cm^2} \right] \left(\frac{389.21 \ [cm^3]}{548.27[cm^2]} \right)^2 = \boldsymbol{1.1 \ min}$$

Añadimos los 0.5 min de más para solidificación:

$$\boldsymbol{t_{s(maz)}} = 1.1[min] + 0.5[min] = \boldsymbol{1.6 \ min}$$

Calculamos el volumen de la mazarota cilíndrica:

$$V_{maz} = \frac{\pi \cdot D^2 \cdot L}{4} = \frac{\pi \cdot D^3}{4} = 0.25\pi D^3$$

Hallamos el área de la mazarota cilíndrica:

$$A_{maz} = (\pi \cdot D \cdot L) + 2 \left(\frac{\pi D^2}{4} \right) = \pi D^2 + \frac{\pi D^2}{2} = 1.5\pi D^2$$

Calculamos el diámetro de la mazarota:

$$t_{s(maz)} = C_m \cdot \left(\frac{V_{maz}}{A_{maz}} \right)^2 = C_m \cdot \left(\frac{0.25\pi D^3}{1.5\pi D^2} \right)^2 = C_m \cdot \left(\frac{D}{6} \right)^2 \rightarrow$$

$$\boldsymbol{D} = 6 \cdot \sqrt{\frac{t_{s(maz)}}{C_m}} = 6 \cdot \sqrt{\frac{1.6[min]}{2.17 \left[\frac{min}{cm^2} \right]}} = \boldsymbol{5.15 \ cm = L}$$

2.2. Moldeo en Arena

Problema 22: Contracción y coeficiente de seguridad
El bloque motor monopistón puede simplificarse como un cubo de $200 \cdot 200 \cdot 200$ mm con un agujero pasante de 100 mm de diámetro. Calcule la cantidad en kilos de material necesario para fabricar 100 piezas por moldeo. Se deben modificar las cotas de los agujeros (10 mm) para que luego de mecanizarse, lleguen al diámetro nominal descrito. Se empleará una mazarota cilíndrica ($H{=}D$) calculada a partir del criterio de la contracción. Emplee una contracción volumétrica del 6%, y un coeficiente de seguridad igual a 2. La cantidad de material que se queda en los canales de alimentación es un 5% del volumen de la pieza. La pieza se fabricará en aluminio con una densidad de 2.5 g/cm³.

Solución.

$c = 6\% = 0.06 =$ coeficiente de contracción volumétrica del metal.
$k = 2 =$ coeficiente de seguridad.
$\rho_{Al} = 2.5$ g/cm³ = densidad del aluminio.

En la figura hay un esquema de la pieza con la cota del agujero original y modificada para su posterior mecanizado.

Cota del agujero original   Cota del agujero modificada

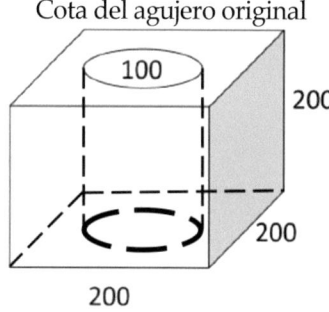 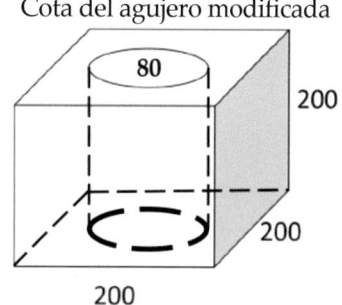

El peso de una pieza se calcula utilizando la densidad del material y el volumen de todas las partes del molde que se tienen que rellenar con el material fundido para poder fabricar la pieza:

$$m = \varrho \cdot V_{total}$$

$$V_{total} = V_{pieza} + V_{maz.min} + V_{canales}$$

Primero se calculan volúmenes de todas las partes del molde y el volumen total del molde:

$$V_{pieza} = V_{cubo} - V_{agujero} = (20 \cdot 20 \cdot 20) - \left(\pi \left(\frac{8}{2}\right)^2 \cdot 20\right) = 6\,994\ cm^3$$

$$V_{maz.min} = V_{Pieza} \cdot c \cdot k = 6\,994[cm^3] \cdot 0.06 \cdot 2 = 839\ cm^3$$

$$V_{canales} = V_{pieza} \cdot 0.05 = 6\,994[cm^3] \cdot 0.05 = 349\ cm^3$$

$$V_{total} = V_{pieza} + V_{maz.min} + V_{canales} = 6\,994 + 839 + 349 = 8\,182\ cm^3$$

Finalmente, se determina el peso de una pieza y peso de 100 piezas:

$$m = \varrho \cdot V_{total} = 2.5 \left[\frac{g}{cm^3}\right] \cdot 8\,182[cm^3] = 20\,455\ \frac{g}{pieza} = 2\,045.5\ \frac{kg}{100\ piezas}$$

Problema 23:   Contracción volumétrica y lineal

En un proceso de fundición de diferentes materiales se tiene un molde abierto cuadrado de 150 mm de lado y 45 mm de profundidad. Calcule las dimensiones finales del molde teniendo en cuenta las contracciones volumétricas y lineales si se utilizan 800 000 mm³ de los siguientes materiales:

a) Fundición gris (1.8% de contracción volumétrica y 1.0% de contracción lineal).
b) Acero al carbono (3% de contracción volumétrica y 1.8% de contracción lineal).
c) Bronce (5.5% de contracción volumétrica y 1.6% de contracción lineal).

Solución.

L = 150 mm = longitud del lado de la base del molde.
h_o = 45 mm = profundidad del molde.
V_o = 800 000 mm³ = volumen de material fundido vertido en el molde.

a) Fundición gris: Calculamos el área de la base del molde:

$$A = L \cdot L = 150[mm] \cdot 150[mm] = 22\,500\ mm^2$$

Calculamos el volumen de material tras la contracción volumétrica:

$$V = V_o \cdot \frac{100 - 1.8}{100} = 800\,000[mm^3] \cdot \frac{100 - 1.8}{100} = 785\,600\ mm^3$$

Calculamos la altura del molde:

$$h = \frac{V}{A} = \frac{785\,600[mm^3]}{22\,500[mm^2]} = 34,92 \; mm$$

Las dimensiones del molde final tras la contracción lineal son:

$$L_f = L \cdot \frac{100-1}{100} = 150[mm] \cdot \frac{100-1}{100} = 148.5 \; mm$$

$$h_f = h \cdot \frac{100-1}{100} = 34.92[mm] \cdot \frac{100-1}{100} = 34.57 \; mm$$

b) Acero al carbono: El área de la base del molde será la misma que la calculada en el apartado "a":

$$A = L \cdot L = 150[mm] \cdot 150[mm] = 22\,500 \; mm^2$$

Calculamos el volumen de material tras la contracción volumétrica:

$$V = V_o \cdot \frac{100-3}{100} = 800\,000[mm^3] \cdot \frac{100-3}{100} = 776\,000 \; mm^3$$

Calculamos la altura del molde:

$$h = \frac{V}{A} = \frac{776\,000[mm^3]}{22\,500[mm^2]} = 34.49 \; mm$$

Las dimensiones del molde final tras la contracción lineal son:

$$L_f = L \cdot \frac{100-1}{100} = 150[mm] \cdot \frac{100-1.8}{100} = 147.3 \; mm$$

$$h_f = h \cdot \frac{100-1}{100} = 34.49[mm] \cdot \frac{100-1.8}{100} = 33.87 \; mm$$

c) Bronce: El área de la base del molde será la misma que la calculada en el apartado "a":

$$A = L \cdot L = 150[mm] \cdot 150[mm] = 22\,500 \; mm^2$$

Calculamos el volumen de material tras la contracción volumétrica:

$$V = V_o \cdot \frac{100-5.5}{100} = 800\,000[mm^3] \cdot \frac{100-5.5}{100} = 756\,000 \; mm^3$$

Calculamos la altura del molde:

$$h = \frac{V}{A} = \frac{756\,000[mm^3]}{22\,500[mm^2]} = 33.60\ mm$$

Las dimensiones del molde final tras la contracción lineal son:

$$L_f = L \cdot \frac{100 - 1}{100} = 150[mm] \cdot \frac{100 - 1.6}{100} = 147.6\ mm$$

$$h_f = h \cdot \frac{100 - 1}{100} = 33,60[mm] \cdot \frac{100 - 1.6}{100} = 33.06\ mm$$

Problema 24: Fuerza de flotación

Se pretenden fabricar dos piezas con el mismo tamaño y forma según la imagen (unidades en mm). Una pieza de aluminio y la otra de plomo. Determine la fuerza de flotación que tiende a elevar el corazón durante el vertido en el moldeo en arena. El corazón tiene tamaño y forma según la imagen de la pieza que se quiere fabricar.

Datos: densidad de arena = 1.6 g/cm³, densidad de aluminio = 2.7 g/cm³, densidad de plomo = 11.3 g/cm³.

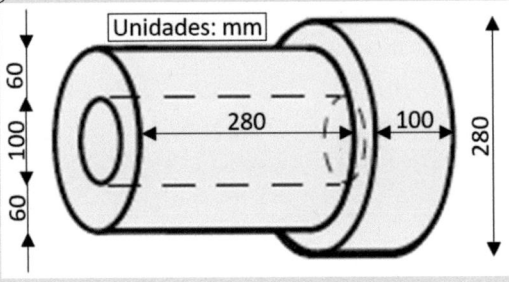

Solución.

ρ_c = 1.6 g/cm³ = densidad del corazón de arena.

ρ_{Al} = 2.7 g/cm³ = densidad del aluminio.

ρ_{Pb} = 11.3 g/cm³ = densidad del plomo.

g = 9.81 m/s² = aceleración de la gravedad.

Primero hay que calcular el volumen del corazón, V_c. El corazón, según la imagen, es un cilindro con longitud L = 380 mm (280+100) y con diámetro D = 100 mm.

$$V_c = \pi r^2 \cdot L = \pi 50^2 [mm^2] \cdot 380[mm] = 2984513 \ mm^3 = \mathbf{2984.5 \ cm^3}$$

La fuerza de flotación para pieza de **aluminio**:

$$F_f = m_{Al} - m_c = \rho_{Al} V_c - \rho_c V_c$$

$$F_f = \left(2.7 \left[\frac{g}{cm^3}\right] \cdot 2984.5[cm^3]\right) - \left(1.6 \left[\frac{g}{cm^3}\right] \cdot 2984.5[cm^3]\right) = \mathbf{3.28 \ kg}$$

$$F_f = 3.28[kg] \cdot 9.81 \left[\frac{m}{s^2}\right] = \mathbf{32.2 \ N}$$

La fuerza de flotación para pieza de **plomo**:

$$F_f = m_{material} - m_{corazón} = \rho_{Pb} V_c - \rho_c V_c$$

$$F_f = \left(11.3 \left[\frac{g}{cm^3}\right] \cdot 2984.5[cm^3]\right) - \left(1.6 \left[\frac{g}{cm^3}\right] \cdot 2984.5[cm^3]\right) = \mathbf{28.95 \ kg}$$

$$F_f = 28.95[kg] \cdot 9.81 \left[\frac{m}{s^2}\right] = \mathbf{284 \ N}$$

La fuerza de flotación para pieza de aluminio es 32.2 N y para pieza de plomo 284 N. El plomo líquido tendrá mayor tendencia de desplazar el corazón de arena que el aluminio líquido.

Problema 25: Fuerza de flotación

Durante el montaje del molde de arena, para fabricar una pieza de cobre, se tiene que emplear un corazón de arena cuyo peso es 10 kg. Determine la fuerza de flotación que irá levantando el corazón durante el vertido.

Datos: densidad de arena = 1.6 g/cm³, densidad de cobre = 8.73 g/cm³.

Solución.

m_c = 10 kg = 10^4 g = peso del corazón de arena.
ρ_c = 1.6 g/cm³ = densidad del corazón de arena.
ρ_{Cu} = 8.73 g/cm³ = densidad del cobre.

Primero hay que calcular el volumen del corazón:

$$V_c = \frac{m_c}{\rho_c} = \frac{10^4[g]}{1.6 \left[\frac{g}{cm^3}\right]} = \mathbf{6\,250 \ cm^3}$$

La fuerza de flotación es la diferencia entre el peso del cobre líquido desplazado, m_{Cu}, y el peso del corazón de arena, m_c.

$$F_f = m_{Cu} - m_c = (\rho_{Cu} \cdot V_c) - m_c$$

$$F_f = \left(8.73\left[\frac{g}{cm^3}\right] \cdot 6\,250[cm^3]\right) - 10^4[g] = \mathbf{44.56\,kg}$$

$$F_f = 44.56[kg] \cdot 9.81\left[\frac{m}{s^2}\right] = \mathbf{437.16\,N}$$

El corazón de 10 kg experimentará una fuerza de flotación de 44.56 kg.

Problema 26: Fuerza de flotación y sujetadores

Se tiene que fabricar una pieza de plomo por moldeo en arena. Según el diseño de la pieza, hay que utilizar en el interior del molde un corazón de arena sujeto fijamente por un lado que puede soportar fuerzas de flotación de hasta 10 kg. Otro extremo del corazón no está en contacto con el molde y tendrá que estar sujeto por varios sujetadores. Un sujetador es capaz de soportar 2 kg de fuerza de flotación y el volumen del corazón son 2 litros. ¿Cuántos sujetadores hacen falta para soportar el resto de fuerza de flotación?

Datos: densidad de arena = 1.6 g/cm³, densidad de plomo = 11.3 g/cm³.

Solución.

$V_c = 2\,l = 2$ dm³ = 2000 cm³ = volumen del corazón de arena.
$\rho_c = 1.6$ g/cm³ = densidad del corazón de arena.
$\rho_{Pb} = 11.3$ g/cm³ = densidad del plomo.

Primero se tiene que calcular la fuerza de flotación total. De la flotación total hay que descontar los 10 kg que están sujetos por el propio molde. Esta fuerza de flotación restante se compensará con los sujetadores.

$$F_f = m_{Pb} - m_c = \rho_{m(Pb)}V_c - \rho_c V_c$$

$$F_f = \left(11.3\left[\frac{g}{cm^3}\right] \cdot 2000[cm^3]\right) - \left(1.6\left[\frac{g}{cm^3}\right] \cdot 2000[cm^3]\right) = 22600[g] - 3200[g]$$
$$= \mathbf{19.4\,kg}$$

$$F_f - 10[kg] = (19.4 - 10)\,[kg] = 9.4\,kg$$

$$\frac{9.4[kg]}{2\left[\frac{kg}{sujetador}\right]} = 4.7 \; sujetadores \approx \mathbf{5 \; sujetadores}$$

Para soportar los 9.4 kg de fuerza de flotación restante hay que utilizar 5 sujetadores del corazón.

Problema 27:   Límite máximo de la fuerza de flotación

En el interior de un molde de arena, el corazón está sujeto de tal modo que es capaz soportar como máximo 20 kg de fuerza de flotación. Se conoce que el volumen del corazón es de 2 500 cm³. ¿Es posible en estas condiciones fabricar la pieza de acero?

Datos: densidad de arena = 1.6 g/cm³, densidad de acero = 7.82 g/cm³.

Solución.

$F_{f(max)}$ = 20 kg = (20·9.81) N = 196.2 N = fuerza de flotación.
V_c = 2 500 cm³ = volumen del corazón de arena.
ρ_c = 1.6 g/cm³ = densidad del corazón de arena.
$\rho_{m(acero)}$ = 7.82 g/cm³ = densidad del acero.

Hace falta determinar la fuerza de flotación real debido a las fuerzas que aplicará el acero fundido. Si la fuerza de flotación de acero fundido será menor que la fuerza de flotación que es capaz de soportar el corazón, entonces, la pieza puede ser fabricada de acero.

$$\boldsymbol{F_{f(real)} = m_m - m_c} = \rho_{m(acero)}V_c - \rho_c V_c$$

$$\boldsymbol{F_{f(real)}} = \left(7.82\left[\frac{g}{cm^3}\right] \cdot 2500[cm^3]\right) - \left(1.6\left[\frac{g}{cm^3}\right] \cdot 2500[cm^3]\right) =$$

$$= 19550[g] - 4000[g] = \mathbf{15.55 \; kg}$$

$$F_{f(real)}(15.55 \; kg) \leq F_{f(max)}(20 \; kg)$$

La fuerza de flotación de acero es menor que la que es capaz soportar el corazón en el molde según el diseño. Por lo cual, la pieza puede ser fabricada de acero.

2.3. Fundición Centrífuga

Problema 28:   Ecuación de factor G
Justifique la ecuación del factor G utilizando la velocidad rotacional del molde horizontal en revoluciones/min.

Solución.

GF = factor G, -.
N = velocidad rotacional del molde horizontal, revoluciones/min.
F = fuerza centrífuga, N.
W = fuerza de gravedad, N.
m = masa, kg.
v = velocidad, m/s.
R = radio interior del molde, m.
D = diámetro interior del molde y exterior del tubo fabricado, m.
g = aceleración de la gravedad, 9.81 m/s².

$$v = (2\pi R) \cdot \left(\frac{N}{60}\right) = \frac{\pi R N}{30}$$

$$F = \frac{m \cdot v^2}{R}$$

$$W = m \cdot g$$

$$GF = \frac{F[N]}{W[N]} = \frac{m[kg] \cdot v^2 \left[\left(\frac{m}{s}\right)^2\right]}{\frac{R[m]}{m[kg] \cdot g \left[\frac{m}{s^2}\right]}} = \frac{\cancel{m[kg]} \cdot v^2 \left[\left(\frac{m}{s}\right)^2\right]}{R[m] \cdot \cancel{m[kg]} \cdot g \left[\frac{m}{s^2}\right]} = \frac{\left(\frac{2\pi R[m]N \left[\frac{rev}{min}\right]}{60 \left[\frac{s}{min}\right]}\right)^2}{R[m] \cdot g \left[\frac{m}{s^2}\right]} =$$

$$= \frac{R[m]\left(\frac{\pi N \left[\frac{rev}{min}\right]}{30 \left[\frac{s}{min}\right]}\right)^2}{g \left[\frac{m}{s^2}\right]} = \frac{R\left(\frac{\pi N}{30}\right)^2}{g} \rightarrow N = \frac{30}{\pi}\sqrt{\frac{GF \cdot g}{R}}$$

Problema 29: Fundición centrífuga real horizontal 1

Se lleva a cabo una operación de fundición centrífuga real horizontal. La pieza en forma de tubo abierto por ambos lados, tiene que tener 1 metro de longitud, 18 cm de diámetro interior y 2 cm de espesor de la pared. La velocidad rotacional del molde horizontal es 500 rev/min.

a) ¿Cuál sería, en estas condiciones, el valor de factor G?

b) ¿Es posible fabricar de este modo un tubo de acero? Si no es posible, calcule una solución manteniendo el diseño de la pieza sin cambios.

Solución.

N = 500 revoluciones/min = velocidad rotacional del molde horizontal,
g = 9.81 m/s² = aceleración de la gravedad,
L = 1 m = longitud horizontal del fundido,
D = 18+2+2 = 22 cm = 0.22 m = diámetro interior del molde y exterior del tubo fabricado.
R = 0.11 m = radio interior del molde y exterior del tubo fabricado.

a) Se calcula el factor G de la fundición centrífuga real horizontal:

$$GF = \frac{R\left(\frac{\pi N}{30}\right)^2}{g} = \frac{0.11[m]\left(\frac{\pi \cdot 500\left[\frac{rev}{min}\right]}{30\left[\frac{s}{min}\right]}\right)^2}{9.81\left[\frac{m}{s^2}\right]} = 30.74$$

b) El valor GF sale a 30.74. Si el factor G es menor que 60, el metal líquido no se verá forzado a permanecer contra la pared del molde durante la mitad superior de la trayectoria circular, sino que el metal fundido "lloverá" dentro del molde. Como no es permitido cambiar las dimensiones de la pieza a fabricar, hay que ir ajustando la velocidad rotacional del molde horizontal hasta alcanzar el mínimo de factor G, que son los 60.

$$N = \frac{30}{\pi}\sqrt{\frac{GF \cdot g}{R}} = \frac{30}{\pi}\sqrt{\frac{60[-] \cdot 9.81\left[\frac{m}{s^2}\right] \cdot}{0.11[m]}} = 699 \frac{rev}{min}$$

Con velocidad rotacional de unos 699 rev/min se consigue teoreticamente el valor de GF mínimo aceptable de unos 60.

Problema 30: Fundición centrífuga real horizontal 2
Se necesita fabricar una pieza de aluminio tubular larga mediante el método de fundición centrífuga real en un molde horizontal. La pieza de aluminio, tiene que tener diámetro interior de 27,5 cm, diámetro exterior de 30 cm y tiene que pesar 1 kg. Factor G para aluminio es 75. Determine:
a) La velocidad rotacional en rotaciones/min y la velocidad en m/s.
b) Fuerza centrífuga y fuerza de gravedad.

Solución.

$D = 30$ cm $= 0.3$ m $=$ diámetro interior del molde y exterior del tubo fabricado.
$R = 0.15$ m $=$ radio interior del molde.
$GF = 75 =$ factor G.
$g = 9.81$ m/s² $=$ aceleración de la gravedad.
$m = 1$ kg $=$ masa.

a) Hay que tener en cuenta que el diámetro interior del molde tiene el mismo valor que diámetro exterior del tubo que se está fabricando. La velocidad rotacional del molde:

$$N = \frac{30}{\pi}\sqrt{\frac{GF \cdot g}{R}} = \frac{30}{\pi}\sqrt{\frac{75[-] \cdot 9.81\left[\frac{m}{s^2}\right] \cdot}{0.15[m]}} = 669\,\frac{rev}{min}$$

La velocidad del molde:

$$v = (2\pi R) \cdot \left(\frac{N}{60}\right) = (2\pi \cdot 0.15[m]) \cdot \frac{669\left[\frac{rev}{min}\right]}{60\left[\frac{s}{min}\right]} = 10.5\,\frac{m}{s}$$

La velocidad rotacional es 669 rotaciones/min, lo que corresponde a una velocidad de 10.5 m/s.

b) Fuerza centrífuga:

$$F = \frac{m \cdot v^2}{R} = \frac{1[kg] \cdot 10.5^2\left[\left(\frac{m}{s}\right)^2\right]}{0.15[m]} = 735\,\frac{kg \cdot m}{s^2} = 735\,N$$

Fuerza de gravedad:

$$GF = \frac{F}{W} \longrightarrow W = \frac{F}{GF} = \frac{735[N]}{75[-]} = \mathbf{9.8\ N}$$

ó

$$W = m \cdot g = 1[kg] \cdot 9.81 \left[\frac{m}{s^2}\right] = 9.8\ \frac{kgm}{s^2} = \mathbf{9.8\ N}$$

Problema 31: Fundición centrífuga real vertical (tubo de Al)
¿Qué velocidad rotacional del molde mínima hay que aplicar para fabricar un tubo de aluminio mediante fundición centrífuga real vertical, si tiene un diámetro exterior 30 cm, un diámetro interior máximo 27.5 cm y una longitud 45 cm?. Se tiene que cumplir que el diámetro interior mínimo sea 25 cm.

Solución.

g = 9.81 m/s^2 = aceleración de la gravedad.
L = 45 cm = 0.45 m = longitud vertical del fundido.
$D_{i,i}$ = 25 cm $\longrightarrow$ $R_{i,i}$ = 25 cm/2 = 0.25 m/2 = 0.125 m = radio interior de la parte inferior del fundido.
$D_{i,s}$ = 27.5 cm $\longrightarrow$ $R_{i,s}$ = 27.5 cm/2 = 0.275 m/2 = 0.1375 m = radio interior de la parte superior del fundido.

$$N = \frac{30}{\pi}\sqrt{\frac{2gL}{R_{i,s}^2 - R_{i,i}^2}} = \frac{30}{\pi}\sqrt{\frac{2 \cdot 9.81\left[\frac{m}{s^2}\right] \cdot 0.45[m]}{0.1375^2[m^2] - 0.125^2[m^2]}} = \mathbf{495}\ \frac{rev.}{min}$$

La centrífuga vertical tiene que trabajar por lo menos con 495 revoluciones/minuto.

Problema 32: Fundición centrífuga real vertical (anillo de Pb)
Se quieren fabricar anillos de Pb por fundición centrífuga real vertical. El equipo de centrifugación es capaz de girar con el molde con 500 revoluciones por minuto. La pieza, tiene que tener una longitud de 30 cm, un diámetro exterior de 25 cm y el diámetro interior en la parte superior del fundido debe ser 23 cm. Determine el diámetro interior en la parte inferior de la pieza.

Solución.

$N = 500$ revoluciones/min = velocidad rotacional del molde vertical.

$g = 9.81$ m/s² = aceleración de la gravedad.

$L = 30$ cm = 0.3 m = longitud vertical del fundido.

$D_{i,s} = 23$ cm $\longrightarrow R_{i,s} = 23$ cm/2 = 0.23 m/2 = 0.115 m = radio interior de la parte superior del fundido.

$$N = \frac{30}{\pi} \sqrt{\frac{2gL}{R_{i,s}^2 - R_{i,i}^2}} \longrightarrow R_{i,i} = \sqrt{R_{i,s}^2 - \frac{30^2 2gL}{\pi^2 N^2}}$$

$$= \sqrt{0.115^2 [m^2] - \frac{30^2 \cdot 2 \cdot 9.81 \left[\frac{m}{s^2}\right] \cdot 0.3[m]}{\pi^2 \cdot 500^2 \left[\left(\frac{rev}{min}\right)^2\right]}} = 0.105\ m$$

$$R_{i,i} = 0.105\ m = 10.5\ cm \Rightarrow D_{i,i} = 2R_{i,i} = 2 \cdot 10.5[cm] = 21\ cm$$

El diámetro interior de la parte inferior del fundido será de 21 cm.

3. PULVIMETALURGÍA

La pulvimetalurgía es un proceso de fabricación donde un material metálico en forma de polvo se compacta para conseguir la pieza en verde con la forma deseada. Posteriormente, la pieza en verde se sinteriza a altas temperaturas para obtener el producto final con propiedades mecánicas mejoradas.

Este capítulo se va a centrar en el estudio de:
- La granulometría del polvo.
- El diámetro, el tamaño y el área de las partículas.
- El factor de empaquetamiento de las partículas.
- El prensado del polvo.

Problema 33:   **Curva de granulometría**

Se ha tamizado en seco 99.9 g de polvo de aluminio. Los datos recogidos después del ensayo están en la tabla.

Tamaño de tamiz [μm]	< 45	≥ 45	≥ 63	≥ 75	≥ 106	≥ 150	≥ 180
Peso del polvo recogido [g]	22.5	16.0	14.2	23.5	18.5	4.1	traza

Dibuje:

- Una tabla indicando las pérdidas, rango granulométrico, fracción tamizada en peso, en % retenido y en % pasa.

- Un gráfico indicando el porcentaje retenido frente a tamaño de partícula.

- Un gráfico indicando el porcentaje no reternido frente a tamaño de partícula.

Solución.

$$\% \; \boldsymbol{Retenido} = \frac{Polvo \; recogido \; de \; fracción[g]}{Polvo \; recogido \; total[g]} \cdot 100$$

$$\% \; \boldsymbol{Pasa_i} = \% \; Pasa_{(i-1)} + \% \; Retenido_i$$

$$\boldsymbol{Pérdidas}[g] = Masa \; para \; ensayo[g] - Polvo \; recogido \; total[g]$$

Rango granulométrico		Fracción tamizada		
μm		g	% Retenido	% Pasa
	≥ 180	traza	traza	traza
< 180	≥ 150	4.1	4.1	100.0
< 150	≥ 106	18.5	18.7	95.9
< 106	≥ 75	23.5	23.8	77.1
< 75	≥ 63	14.2	14.4	53.3
< 63	≥ 45	16	16.2	39.0
< 45		22.5	22.8	22.8
Total		98.8	100.0	
Masa para ensayo		99.9		
Pérdidas		1.1		

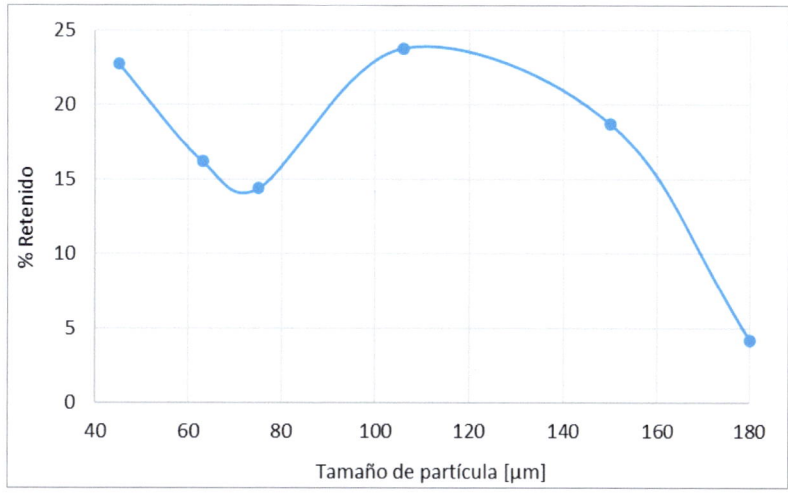

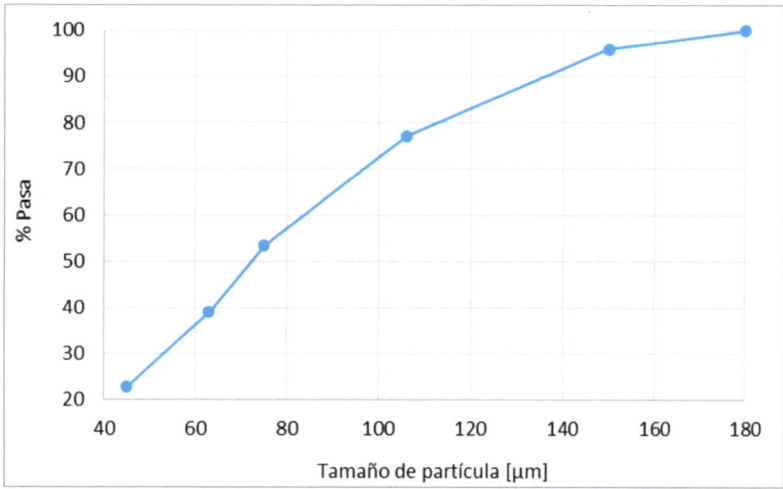

Problema 34: Área de partículas

Se fabrica polvo de aluminio por atomización con gas. Se parte de un lingote de aluminio en forma de cubo de 1 metro de lado. Las partículas de aluminio tendrán forma esférica de 50 micras de diámetro. ¿Cuánta superficie se añade por este proceso de fabricación de polvo de aluminio?

Dibuje un gráfico indicando las áreas de las partículas de diámetro 10 μm, 25 μm, 50 μm, 100 μm, 250 μm, 500 μm y 1 mm.

Solución.

Hay que comparar dos superficies, la superficie de lingote y la superficie de todas las partículas que se formen a partir del lingote. Primero hay que determinar cuantas partículas esféricas se pueden fabricar a partir del lingote cúbico sabiendo que el volumen no cambia.

Área del lingote cúbico.

$$A_L = a^2 = 6 \cdot 1[m] \cdot 1[m] = 6 \; m^2$$

Volumen del lingote cúbico = volumen de todas las partículas esféricas.

$$V_L = V_{Ps} = a^3 = (1[m])^3 = 1 \; m^3$$

Volumen de una partícula esférica.

$$V_P = \frac{4}{3}\pi r^3 = \frac{4}{3}\pi(25 \cdot 10^{-6}[m])^3 = 65\,449.85 \cdot 10^{-18} \; \frac{m^3}{partícula}$$

Número de partículas que es posible fabricar a partir de un lingote.

$$V_P \cdot N = V_L \longrightarrow N = \frac{1[m^3]}{65\,449.85 \cdot 10^{-18} \left[\frac{m^3}{partícula}\right]} = 15.279 \cdot 10^{12} \; partículas$$

Área de una partícula esférica.

$$A_P = 4\pi r^2 = 4\pi(25 \cdot 10^{-6}[m])^2 = 7\,853.98 \cdot 10^{-12} \; m^2$$

Área de todas las partículas esféricas.

$$A_{Ps} = N \cdot A_P = (15.279 \cdot 10^{12}[partículas]) \cdot (7\,853.98 \cdot 10^{-12}[m^2]) =$$
$$= 120\,000 \; m^2$$

La superficie añadida es la de todas las partículas menos la que tenía el cubo.

$$A_A = A_{Ps} - A_L = (120\,000 - 6)[m^2] = 119\,994 \; m^2$$

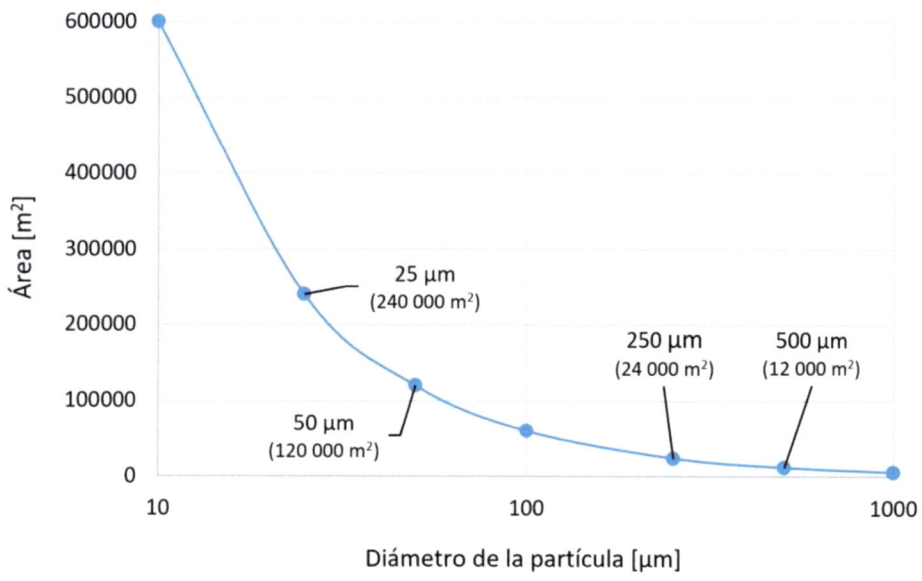

Problema 35: Factor de empaquetamiento de partículas

Determine el máximo factor de empaquetamiento posible para partículas de forma esférica y del mismo tamaño.

Solución.

La posición idónea de las partículas para ocupar el máximo de espacio es una estructura parecida a las posiciones de los átomos en la estructura cristalina cúbica centrada en las caras. Los átomos se ubican en un cubo imaginario, llamado celdilla unidad, que se repite en el espacio. En nuestro caso, la celdilla unidad es cúbica, esta se repite en las tres direcciones del espacio. Por lo tanto, contendrá partículas en las mismas posiciones tal y como lo harían los átomos en una celdilla unidad Cúbica Centrada en las Caras (CCC).

El volumen del cubo que contiene partículas esféricas es: $V = a^3$.

El cubo contiene 6 medias esferas en los centros de las 6 caras y 8 octavos de esferas en los vértices del cubo. En total, el número de partículas que contiene el cubo es:

$$N_p = 6\left[\frac{partícula}{centros\ de\ caras}\right] \cdot \frac{1}{2} + 8\left[\frac{partícula}{vértice\ del\ cubo}\right] \cdot \frac{1}{8} = \boldsymbol{4\ partículas}$$

La relación entre la arista del cubo, a, y el radio de las partículas, r, se determina utilizando el teorema de Pitágoras en el triángulo de la mitad de una cara del cubo = arista, a, arista, a, y diagonal de la cara, d.

$$d^2 = a^2 + a^2 = 2a^2 \longrightarrow d = a\sqrt{2}$$

Sabiendo que a lo largo de la diagonal de la cara hay en contacto 3 partículas (2 participan con un radio y la tercera con el diámetro, entonces:

$$d = 4r = a\sqrt{2} \longrightarrow a = \frac{4r}{\sqrt{2}}$$

Finalmente, se calcula factor de empaquetamiento máximo.

$$FE = \frac{V_{partículas}}{V_{cubo}} = \frac{4 \cdot \frac{4}{3}\pi r^3}{\left(\frac{4r}{\sqrt{2}}\right)^3} = \frac{\pi\sqrt{2}}{6} = 0.7405 = \mathbf{74.05\%}$$

Problema 36: Diámetro de partícula en tamizado en seco, D_t.

Para una criba con un número de malla a) 4, b) 40, c) 400 que tiene alambres con un diámetro de a) 0.06260 in, b) 0.00847 in, c) 0.00106 in, respectivamente, determine el tamaño máximo de partícula esférica que pasaría a través de la malla y el porcentaje de superficie de los agujeros en la criba.

d) Dibuje un gráfico de número de malla frente al diámetro de partícula de tamiz para siguientes datos:

MC	4	5	6	8	10	14	18
t	1.6002	1.0922	0.8805	0.7950	0.5410	0.4046	0.4104

MC	30	50	70	100	200	325	400
t	0.0234	0.0117	0.0083	0.0059	0.0029	0.0017	0.0014

Solución.

D_t = diámetro de partícula de tamiz, in.

MC = número de malla, agujeros/in.

t_w = grueso del alambre de la malla, in.

Calcular el tamaño de partícula.

$$D_t = \frac{1}{MC} - t_w$$

a) Número de malla 4:
Tamaño de partícula.

$$D_t = \frac{1}{4\left[\frac{agujeros}{in}\right]} - 0.06260[in] = \mathbf{0.1874\ in = 4.76\ mm}$$

Cantidad de agujeros en una pulgada cuadrada.

$$4 \cdot 4 = 16\ \frac{agujeros}{in^2}$$

Cada agujero tiene 0.1874 in de lado y 0.1874² in² = 0.03512 in² de superficie.

El porcentaje de superficie de los agujeros en la criba es la superficie de todos los agujeros en una pulgada dividido por una pulgada de la malla (incluida las superficies de los agujeros y de los alambres de la malla):

$$\frac{16 \cdot 0.03512[in^2]}{1\ in^2} = \frac{0.562\ in^2}{1\ in^2} = \mathbf{56.2\ \%}$$

b) Número de malla 40:
Tamaño de partícula.

$$D_t = \frac{1}{40\left[\frac{agujeros}{in}\right]} - 0.00847[in] = \mathbf{0.01653\ in = 0.420\ mm = 420\ \mu m}$$

Cantidad de agujeros en una pulgada cuadrada.

$$40 \cdot 40 = 1\ 600\ \frac{agujeros}{in^2}$$

Cada agujero tiene 0.01653 in de lado y 0.01653² in² = 2.73·10⁻⁴ in² de superficie.

El porcentaje de superficie de los agujeros en la criba:

$$\frac{1\ 600 \cdot 2.73 \cdot 10^{-4}[in^2]}{1\ in^2} = \frac{0.437\ in^2}{1\ in^2} = \mathbf{43.7\ \%}$$

c) Número de malla 400:

Tamaño de partícula.

$$D_t = \frac{1}{400\left[\frac{agujeros}{in}\right]} - 0.00106[in] = \mathbf{0.00144\ in = 0.037\ mm = 37\ \mu m}$$

Cantidad de agujeros en una pulgada cuadrada.

$$400 \cdot 400 = 160\ 000\ \frac{agujeros}{in^2}$$

Cada agujero tiene 0.00144 in de lado y 0.00144^2 in^2 = 2.07·10^{-6} in^2 de superficie.

El porcentaje de superficie de los agujeros en la criba:

$$\frac{160\ 000 \cdot 2.07 \cdot 10^{-6}[in^2]}{1\ in^2} = \frac{0.331\ in^2}{1\ in^2} = \mathbf{33.1}\ \%$$

d)

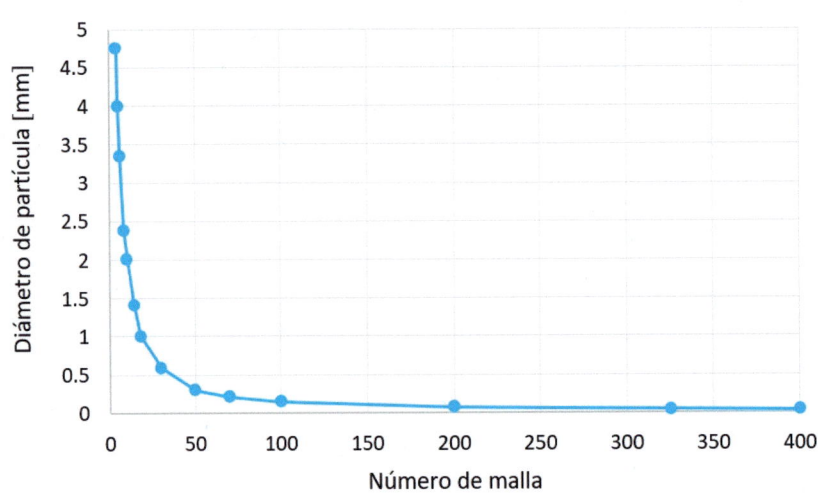

Problema 37: Tamaño de partícula (razón de forma)
Determine, cual es la razón de forma de una partícula cúbica. Dibuje el resultado.

Solución.

La razón de forma de una partícula es la relación entre la longitud más corta y la más larga de la partícula. Una partícula esférica tiene razón de forma igual a 1. En el caso de una partícula con forma del cubo, la distancia más corta es la arista, a, y la más larga es la diagonal del cubo, D. Primero se calcula la relación entre una arista, a, y una diagonal de la cara de un cubo, d.

$$a^2 + a^2 = d^2$$

$$d = \sqrt{2a^2} = a\sqrt{2}$$

Si $a = 1$, entonces $d = 1\sqrt{2} = 1.4142$

Ahora se relaciona la arista, a, y la diagonal del cubo, D.

$$d^2 + a^2 = D^2$$

$$D = \sqrt{d^2 + a^2} = \sqrt{2a^2 + a^2} = \sqrt{3a^2} = a\sqrt{3}$$

Si $a = 1$, entonces $\boldsymbol{D = 1\sqrt{3} = 1.7321}$

Razón de forma de una partícula cúbica es 1:1.73.

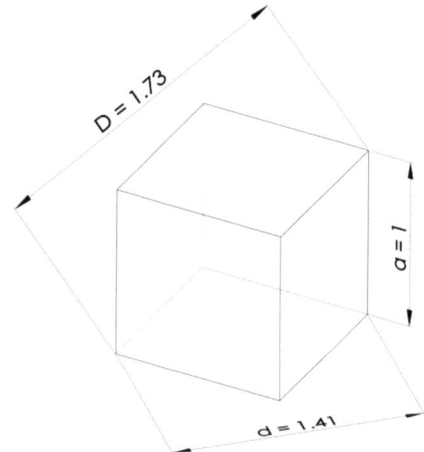

Problema 38: Tamaño de partícula (factor de forma, K_s)

¿Cuál es el factor de forma, K_s, para partículas con diferentes formas?

a) Partícula esférica. Radio $r = 1$ μm.
b) Partícula esférica. Radio $r = 28$ μm.
c) Partícula cúbica. Arista = 100 μm.
d) Partícula de forma de prisma cuadrangular regular de 100·100·200 μm.
e) Partícula de forma de prisma cuadrangular regular de 100·100·1 000 μm.

Solución.

$$S_{esfera} = S_e = 4\pi r^2 = \pi D^2$$

$$V_{esfera} = V_e = \frac{4}{3}\pi r^3 = \frac{\pi D^3}{6}$$

S_p, V_p = superficie y volumen de partícula.

D_e = diámetro de una esfera cuyo volumen es equivalente al volumen de la partícula real.

a) Factor de forma para una partícula esférica con radio de 1 μm (diámetro de 2 μm).

$$K_s = \frac{S_p D_e}{V_p} = \frac{(\pi D^2)D}{\left(\frac{\pi D^3}{6}\right)} = \frac{(\pi 2^2)2}{\left(\frac{\pi 2^3}{6}\right)} = 6$$

b) Factor de forma para una partícula esférica con radio de 28 μm (diámetro de 56 μm).

$$K_s = \frac{S_p D_e}{V_p} = \frac{(\pi D^2)D}{\left(\frac{\pi D^3}{6}\right)} = \frac{(\pi 56^2)56}{\left(\frac{\pi 56^3}{6}\right)} = 6$$

c) Factor de forma para una partícula cúbica con arista de 100 μm.

$$V_e = V_p$$

$$V_e = \frac{\pi D_e^3}{6} \rightarrow D_e = \sqrt[3]{\frac{6V_p}{\pi}}$$

$$K_s = \frac{S_p D_e}{V_p} = \frac{S_p \cdot \sqrt[3]{\frac{6V_p}{\pi}}}{V_p} = \frac{(6 \cdot 100^2)\sqrt[3]{\frac{6 \cdot 100^3}{\pi}}}{(100^3)} = 7.44$$

d) Factor de forma para una partícula de forma de prisma cuadrangular regular (100·100·200 μm).

$$V_e = V_p$$

$$V_e = \frac{\pi D_e^3}{6} \rightarrow D_e = \sqrt[3]{\frac{6V_p}{\pi}}$$

$$K_s = \frac{S_p D_e}{V_p} = \frac{S_p \cdot \sqrt[3]{\frac{6V_p}{\pi}}}{V_p} = \frac{\left((2 \cdot 100^2) + (4 \cdot 100 \cdot 200)\right)\sqrt[3]{\frac{6 \cdot (100 \cdot 100 \cdot 200)}{\pi}}}{(100 \cdot 100 \cdot 200)}$$

$$= \mathbf{7.82}$$

e) Factor de forma para una partícula de forma de prisma cuadrangular regular (100·100·1 000 μm).

$$V_e = V_p$$

$$V_e = \frac{\pi D_e^3}{6} \longrightarrow D_e = \sqrt[3]{\frac{6V_p}{\pi}}$$

$$K_s = \frac{S_p D_e}{V_p} = \frac{S_p \cdot \sqrt[3]{\frac{6V_p}{\pi}}}{V_p} = \frac{\left((2 \cdot 100^2) + (4 \cdot 100 \cdot 1000)\right)\sqrt[3]{\frac{6 \cdot (100 \cdot 100 \cdot 1000)}{\pi}}}{(100 \cdot 100 \cdot 1000)} =$$

$$= \mathbf{11.22}$$

Una partícula esférica tiene el factor de forma igual a 6 independientemente del tamaño de la partícula. Así, si una partícula con una forma diferente a una esfera, tendrá factor de forma más alto que 6.

Problema 39: Tamaño de partícula (D_V, D_S, $D_{S/V}$) y esfericidad (ψ)
Calcule para una partícula en forma de cubo de 1 mm de lado:
a) Diámetro de volumen, D_V.
b) Diámetro de superficie, D_S.
c) Diámetro de superficie/volumen, $D_{S/V}$.
d) Esfericidad, ψ.

Solución.

$$S_{esfera} = \mathbf{S_e} = 4\pi r^2 = \pi D^2$$

$$V_{esfera} = \mathbf{V_e} = \frac{4}{3}\pi r^3 = \frac{\pi D^3}{6}$$

a) D_V es diámetro de una esfera de volumen equivalente al de una partícula real.

$$V_{particula} = V_{esfera} \rightarrow \boldsymbol{V_p = V_e}$$

$$V_p = a^3 = 1^3[mm^3] = 1\ mm^3 = V_e$$

$$V_e = \frac{\pi D_V^3}{6} \rightarrow \boldsymbol{D_V} = \sqrt[3]{\frac{6V_e}{\pi}} = \sqrt[3]{\frac{6 \cdot 1[mm^3]}{\pi}} = \boldsymbol{1.24\ mm}$$

b) D_S es diámetro de una esfera de superficie equivalente al de una partícula real.

$$S_{particula} = S_{esfera} \rightarrow \boldsymbol{S_p = S_e}$$

$$S_p = 6 \cdot 1^2[mm^2] = 6\ mm^2 = S_e$$

$$S_e = \pi D_S^2 \rightarrow \boldsymbol{D_S} = \sqrt[2]{\frac{S_e}{\pi}} = \sqrt[2]{\frac{6[mm^2]}{\pi}} = \boldsymbol{1.38\ mm}$$

c) $D_{S/V}$ es diámetro de una esfera de superficie por volumen equivalente al de una partícula real.

$$\frac{S_{particula}}{V_{particula}} = \frac{S_{esfera}}{V_{esfera}} \rightarrow \frac{\boldsymbol{S_e}}{\boldsymbol{V_e}} = \frac{\boldsymbol{S_p}}{\boldsymbol{V_p}}$$

$$S_p = 6 \cdot 1^2[mm^2] = 6\ mm^2$$

$$V_p = a^3 = 1^3[mm^3] = 1\ mm^3$$

$$\frac{S_e}{V_e} = \frac{\pi D_{S/V}^2}{\frac{\pi D_{S/V}^3}{6}} = \frac{6}{D_{S/V}} \rightarrow \boldsymbol{D_{S/V}} = \frac{6 \cdot V_e}{S_e} = \frac{6 \cdot 1[mm^3]}{6[mm^2]} = \boldsymbol{1\ mm}$$

d) Esfericidad, ψ, es la medida a la cercanía a la esfera perfecta. Para partícula esférica, $\psi = 1$. Para partícula no esférica, $\psi < 1$.

$$S_{particula} = S_p = 6 \cdot 1^2[mm^2] = 6\ mm^2$$

$$V_{particula} = V_{esfera} \rightarrow \boldsymbol{V_p = V_e} = a^3 = 1^3[mm^3] = 1\ mm^3$$

$$V_e = 1\ mm^3 = \frac{\pi D_e^3}{6} \rightarrow \boldsymbol{D_e} = \sqrt[3]{\frac{6V_e}{\pi}} = \sqrt[3]{\frac{6 \cdot 1[mm^3]}{\pi}} = 1.24\ mm$$

$$\boldsymbol{\psi} = \frac{S_e}{S_p} = \frac{\pi D_e^2}{S_p} = \frac{\pi \cdot 1.24^2[mm^2]}{6[mm^2]} = \boldsymbol{0.81}$$

Problema 40: Tamaño de partícula (D_A, D_M, D_F, C)
Calcule para la proyección de la partícula en la figura:
  a) Diámetro de área proyectada, D_A.
  b) Diámetro de Martin, D_M.
  c) Diámetro de Feret, D_F.
  d) Circularidad, C.
  e) Compruebe, que la $C = 1$ si la partícula en la imagen tendría forma esférica.

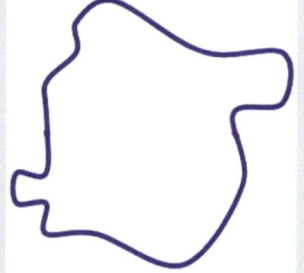

Solución.

a) D_A es diámetro de una esfera de área proyectada equivalente al de una partícula no esférica. Sobre la proyección de la partícula se sobrepone una rejilla. En nuestro caso cada cuadrado tiene 10x10 μm. Se cuentan todos los cuadrados que están dentro en la proyección de la partícula y se calcula el área ocupada.

$$N = 52 \; cuadrados = 52 \cdot (10 \cdot 10)[\mu m^2] = 5\,200 \; \mu m^2 = A_{partícula} = A_{círculo}$$

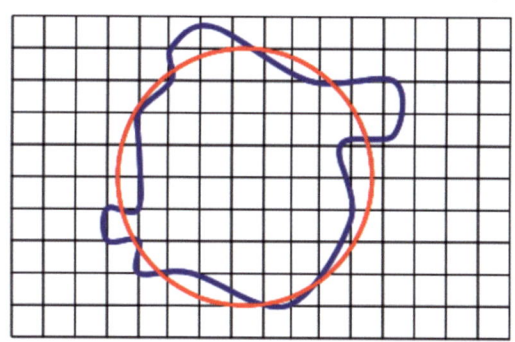

$$A_c = \pi r_A^2 = \pi \frac{D_A^2}{4} \rightarrow D_A = \sqrt[2]{\frac{4A_c}{\pi}} = \sqrt[2]{\frac{4A_p}{\pi}} = \sqrt[2]{\frac{4 \cdot 5\,200[\mu m^2]}{\pi}} = \mathbf{81.37 \; \mu m}$$

b) Diámetro de Martin, D_M, es la distancia que divide por la mitad el área proyectada de una partícula. Nuestra partícula tiene por encima y por debajo del diámetro de Martin un área de 2 600 μm².

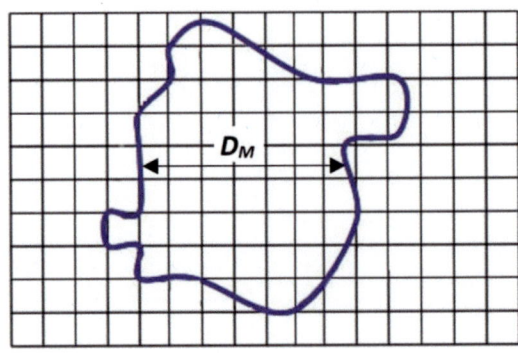

$$D_M = 67 \ \mu m$$

c) Diámetro de Feret, D_F, es la distancia entre dos líneas paralelas que son tangenciales al contorno de la proyección de una partícula.

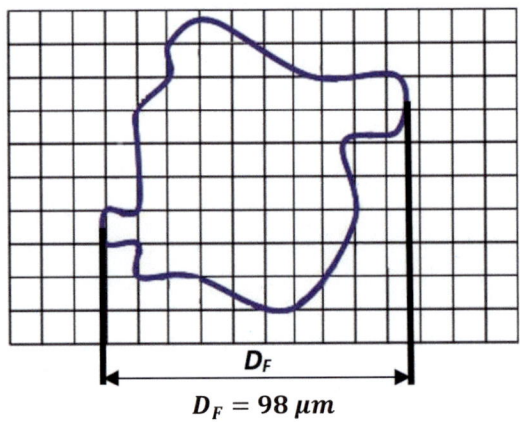

$$D_F = 98 \ \mu m$$

d) Circularidad, C, es la medida a la cercanía al círculo perfecto de la partícula proyectada. Los valores de la circularidad van desde 0 hasta 1 para una partícula esférica. Nuestra partícula proyectada tiene perímetro $P_p = 289$ μm.

A_p = área de partícula proyectada.

$$N = 52 \ cuadrados = 52 \cdot (10 \cdot 10)[\mu m^2] = 5 \ 200 \ \mu m^2 = A_{partícula}$$

$$C = \frac{4\pi A_p}{P_p^2} = \frac{4\pi \cdot 5\,200[\mu m^2]}{289^2[\mu m^2]} = 0.78$$

e) Si nuestra partícula tuviera una forma totalmente esférica, la forma proyectada sería un círculo. El área y perímetro de un círculo es πr^2 y $2\pi r$, respectivamente. Luego, podemos comprobar que la C = 1 de la siguiente manera:

$$C = \frac{4\pi A_p}{P_p^2} = \frac{4\pi(\pi r^2)}{(2\pi r)^2} = \frac{4\pi^2 r^2}{4\pi^2 r^2} = 1$$

Problema 41: Prensado de polvo

Se quiere fabricar la pieza, mostrada en la figura mostrada, a partir de polvo de Fe. La prensa utilizará una presión de compactación de 50 kg/mm². Determine:

a) La dirección idónea de prensado.

b) La fuerza mínima (en toneladas) que tiene que aplicar la prensa para poder fabricar esta pieza.

c) El peso final de la pieza si la porosidad es de un 10%. Suponga que la contracción durante el sinterizado se puede despreciar. La densidad del Fe es 7 874 kg/m³.

Datos: Dimensiones en mm.

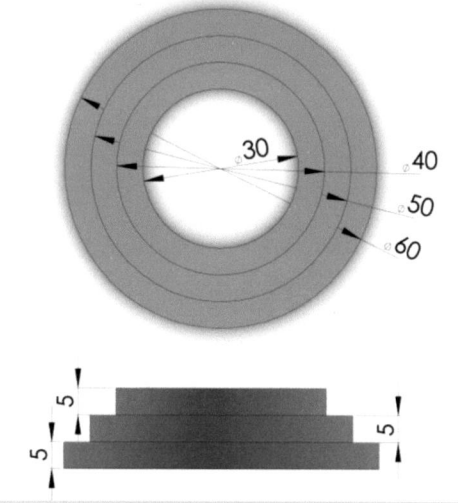

Solución.

a) La dirección más apropiada de prensado es **paralela al eje axial de la pieza**.

b) Primero se calcula el área proyectada de la vista superior.

$$A = \frac{\pi}{4} \cdot \left(D_{ext}{}^2 - D_{int}{}^2\right) = \frac{\pi}{4} \cdot (60^2 - 30^2)[mm^2] = \mathbf{2\,120.58\ mm^2}$$

La fuerza aplicada por la prensa.

$$F = A \cdot \sigma = 2\,120.58[mm^2] \cdot 50\left[\frac{kg}{mm^2}\right] = 106\,029\ kg = \mathbf{106\ T}$$

c) Volumen de la pieza.

$$V = \left(\frac{\pi}{4} \cdot (60^2 - 30^2)[mm^2] \cdot 5[mm]\right) + \left(\frac{\pi}{4} \cdot (50^2 - 30^2) \cdot 5\right)$$
$$+ \left(\frac{\pi}{4} \cdot (40^2 - 30^2) \cdot 5\right) = \mathbf{19\,634.95\ mm^3}$$

El peso de la pieza aplicando el 10% de porosidad:

$$m = \rho \cdot V \cdot 0.9 = (7\,874 \cdot 10^{-9})\left[\frac{kg}{mm^3}\right] \cdot 19\,634.95[mm^3] \cdot 0.9 = \mathbf{0.14\ kg}$$

4. DEFORMACIÓN PLÁSTICA

La fabricación mediante la deformación plástica es un proceso de fabricación donde un material dúctil se fuerza para superar el límite de la deformación elástica y para que entre en la zona de la deformación plástica (deformación permanente). Así, un material con una determinada forma inicial puede cambiar su forma hasta conseguir la forma deseada.

Este capítulo se va a centrar en los siguientes conceptos:
– La forja
– La laminación
– La extrusión
– El estirado
– Las operaciones de corte
– El embutido

Problema 42: Esfuerzo de fluencia

Durante una fabricación de una pieza por deformación plástica, la deformación real es de 0.85. El exponente de endurecimiento por deformación es 0.22 y el coeficiente de resistencia es 0.55 GPa. Halle el esfuerzo de fluencia de dicha deformación y el esfuerzo de fluencia promedio que lleva a cabo la pieza.

Solución.

$\varepsilon = 0.85 =$ deformación real.
$K = 0.55$ GPa $= 550$ MPa $=$ coeficiente de resistencia.
$n = 0.22 =$ exponente de endurecimiento por deformación.

En primer lugar, se calcula el esfuerzo de fluencia, Y_f.

$$Y_f = K \cdot \varepsilon^n = 550[MPa] \cdot 0.85^{0.22} = \mathbf{530.68\ MPa}$$

A continuación, se halla el esfuerzo de fluencia promedio.

$$\overline{Y_f} = \frac{K \cdot \varepsilon^n}{1+n} = \frac{550[MPa] \cdot 0.85^{0.22}}{1+0.22} = \mathbf{435\ MPa}$$

Problema 43: Esfuerzo de fluencia y longitud final

Un metal tiene coeficiente de resistencia con un valor de 850 MPa y exponente de endurecimiento por deformación de 0.30. Una probeta posee una longitud inicial de 0.1 m. Esta se estira hasta llegar a una longitud final de 0.157 m. Halle el esfuerzo de fluencia con la longitud final y el esfuerzo de fluencia promedio de dicho metal sometido a deformación.

Solución.

$K = 850$ MPa $=$ coeficiente de resistencia.
$n = 0.30 =$ exponente de endurecimiento por deformación.
$L_0 = 0.1$ m $= 100$ mm $=$ longitud original.
$L = 0.157$ m $= 157$ mm $=$ longitud final.

Deformación de ingeniería.

$$e = \frac{L - L_o}{L_o} = \frac{L}{L_o} - 1 = \frac{157}{100} - 1 = \mathbf{0.57}$$

Utilizando la ecuación de deformación ingenieril, e, se calcula la deformación real, ε, que existe.

$$\epsilon = \ln(1+e) = \ln\left(\frac{L}{L_o}\right) = \ln\left(\frac{157[mm]}{100[mm]}\right) = 0.451$$

A continuación, se halla el esfuerzo de fluencia, Y_f. Utilizaremos el valor de deformación real calculado en el paso anterior.

$$Y_f = K \cdot \varepsilon^n = 850[MPa] \cdot 0.451^{0.30} = 669.38\ MPa$$

Por último, calcularemos el esfuerzo de fluencia promedio.

$$\overline{Y_f} = \frac{K \cdot \varepsilon^n}{1+n} = \frac{850[MPa] \cdot 0.451^{0.30}}{1+0.30} = 540.91\ MPa$$

Problema 44: Esfuerzo de fluencia promedio (deducción)
Deduzca la ecuación del esfuerzo de fluencia promedio.

Solución.

Para ello, necesitaremos utilizar la ecuación definida por el esfuerzo de fluencia.

$$Y_f = K \cdot \varepsilon^n$$

A continuación, se estudia el valor de esfuerzo de fluencia ,$\overline{Y_f}$, para un rango determinado de la deformación real , ε, exactamente desde 0 ($\varepsilon = 0$) hasta un valor de ε ($\varepsilon = \varepsilon$). Para poder realizar esta operación se utilizan integrales. Se calcula la integral del esfuerzo de fluencia,Y, definido en la expresión anterior.

$$\overline{Y_f} = \int_{\varepsilon=0}^{\varepsilon=\varepsilon} K \cdot \varepsilon^n\ d\varepsilon = K \int_{\varepsilon=0}^{\varepsilon=\varepsilon} \varepsilon^n\ d\varepsilon = K \frac{\varepsilon^{n-1}}{\varepsilon \cdot (n+1)} = K \frac{\varepsilon^n}{n+1} = \frac{K \cdot \varepsilon^n}{n+1}$$

Problema 45: Esfuerzo de fluencia promedio
Calcule el esfuerzo de fluencia promedio que lleva a cabo un material si se le somete a un esfuerzo con el mismo valor que su coeficiente de resistencia. Datos: coeficiente de resistencia de 0.7 GPa y exponente de formación 0.27.

Solución.

$K = 0.7$ GPa $= 700$ MPa $=$ coeficiente de resistencia.

$Y_f = 700$ MPa $=$ esfuerzo de fluencia.

$n = 0.27 =$ exponente de endurecimiento por deformación.

Utilizando la ecuación para determinar el esfuerzo de fluencia, Y_f, se expresa la deformación real, ε.

$$Y_f = K \cdot \varepsilon^n \rightarrow \varepsilon = \sqrt[n]{\frac{Y_f}{K}} = \sqrt[0.27]{\frac{700[MPa]}{700[MPa]}} = 1$$

Se sustituyen los valores hallados anteriormente en la ecuación del esfuerzo de fluencia promedio, $\overline{Y_f}$.

$$\overline{Y_f} = \frac{K \cdot \varepsilon^n}{1 + n} = \frac{700[MPa] \cdot 1^{0.27}}{1 + 0.27} = 551.18 \, MPa$$

Problema 46: Exponente de endurecimiento por deformación 1

¿Cuál es el exponente de endurecimiento por deformación si la fluencia promedio tiene 75% del esfuerzo de fluencia final tras la deformación?

Solución.

Hay que calcular el exponente de endurecimiento, n, y se conoce el valor de la fluencia promedio, $\overline{Y_f}$, en función del esfuerzo de fluencia, Y_f. Es decir:

$$\overline{Y_f} = 0.75 \cdot Y_f$$

Se aplicarán las ecuaciones del esfuerzo de fluencia promedio y del esfuerzo de fluencia final.

$$\overline{Y_f} = \frac{K \cdot \varepsilon^n}{1 + n} \qquad\qquad Y_f = K \cdot \varepsilon^n$$

Sustituyendo.

$$\frac{K \cdot \varepsilon^n}{1 + n} = 0.75 \cdot (K \cdot \varepsilon^n)$$

$$\frac{1}{1 + n} = 0.75$$

$$0.75n = 1 - 0.75$$

$$n = 0.\overline{3}$$

Problema 47: Exponente de endurecimiento por deformación 2

Se lleva a cabo un ensayo de esfuerzo - deformación. Se registran dos valores de esfuerzo real con su correspondiente valor de deformación real. ¿Cuál es el coeficiente de resistencia y el exponente de endurecimiento por deformación?

	Esfuerzo real, σ [MPa]	Deformación real, ε [-]
Medida 1	217	0.35
Medida 2	259	0.68

Solución.

En la ecuación de esfuerzo real se sustituyen los valores proporcionados para cada medida.

$$\sigma = K \cdot \varepsilon^n$$

$$217[MPa] = K \cdot 0.35^n \qquad\qquad 259[MPa] = K \cdot 0.68^n$$

$$\ln(217) = \ln(K \cdot 0.35^n) \qquad\qquad \ln(259) = \ln(K \cdot 0.68^n)$$

$$\ln(217) = \ln(K) + \ln(0.35^n) \qquad\qquad \ln(259) = \ln(K) + \ln(0.68^n)$$

$$\ln(217) = \ln(K) + n \cdot \ln(0.35) \qquad\qquad \ln(259) = \ln(K) + n \cdot \ln(0.68)$$

$$\ln(K) = \ln(217) - (n \cdot \ln(0.35))$$
$$\rightarrow \ln(259) = \big(\ln(217) - (n \cdot \ln(0.35))\big) + n \cdot \ln(0.68)$$

$$5.5568 = 5.3799 - (-1.0498n) + (-0.3857n)$$

$$\boldsymbol{n = 0.27 \rightarrow K = 287}$$

Resolviendo el sistema de dos ecuaciones con dos incógnitas se obtienen los valores del coeficiente de resistencia, $K = 287$ MPa, y del exponente de endurecimiento por deformación, $n = 0.27$.

4.1. Forja

Problema 48: Fuerza instantánea

Se realiza un proceso de forjado en troquel abierto sobre una pieza de forma cilíndrica que tiene un diámetro inicial de 55 mm y altura inicial de 50 mm. El coeficiente de fricción es de 0.16, el exponente de endurecimiento por deformación de 0.10 y el esfuerzo de fluencia viene definido por el coeficiente de resistencia de 400 MPa. Suponga, que la deformación es homogénea (condiciones ideales). Calcule la fuerza instantánea necesaria cuando:

a) Se alcanza el punto de fluencia donde la deformación real tiene un valor de 0.002.

b) Si la altura final es 4.5 cm.

c) Si la altura final es 4.0 cm.

Solución.

D_0 = 55 mm = diámetro inicial.

h_0 = 50 mm = altura inicial.

μ = 0.16 = coeficiente de fricción.

n = 0.10 = exponente de endurecimiento por deformación.

K = 400 MPa = coeficiente de resistencia.

La fuerza se expresa por la siguiente ecuación:

$$F = K_f \cdot Y_f \cdot A$$

a) Previamente se calcula el factor de forma, K_f, el esfuerzo de fluencia, Y_f y el área de la sección transversal de la pieza, A.

Para determinar el factor de forma hay que calcular la altura de la pieza final y el diámetro de la pieza en el contacto con el troquel utilizando la deformación real y el volumen de la pieza, respectivamente.

$$\epsilon = \ln\frac{h_0}{h_f} \rightarrow h_f = \frac{h_0}{e^\epsilon} = \frac{50[mm]}{e^{0.002}} = 49.9 \, mm$$

$$V_0 = \pi\frac{D_0^2}{4}h_0 = \pi\frac{55^2[mm^2]}{4}50[mm] = 118\,791 \, mm^3$$

$$V_0 = V_f = \pi \frac{D_f^2}{4} h_f \rightarrow D_f = \sqrt{\frac{V_0 \cdot 4}{\pi \cdot h_f}} = \sqrt{\frac{118\,791[mm^2] \cdot 4}{\pi \cdot 49.9[mm]}} = 55.05\,mm$$

Como se supone que la deformación es homogénea, entonces $D_f = D_c$. Luego:

$$K_f = 1 + \frac{0.4 \cdot \mu \cdot D_c}{h_f} = 1 + \frac{0.4 \cdot 0.16 \cdot 55.05[mm]}{49.9[mm]} = 1.07$$

$$Y_f = K \cdot \epsilon^n = 400[MPa] \cdot 0.002^{0.10} = 214.9\,MPa$$

Para determinar el área de la sección transversal de la pieza, A, hay que calcular las dimensiones de la pieza inicial.

$$A = \frac{V_0}{h_0} = \frac{118\,791[mm^3]}{50[mm]} = 2\,375.8\,mm^2$$

Con todos los datos calculados, se puede obtener la fuerza solicitada.

$$F = K_f \cdot Y_f \cdot A = 1.07 \cdot 214.9[MPa] \cdot 2\,375.8[mm^2] = 546.3\,N$$

b) Si la altura final es de 45 mm.

$$V_0 = V_f = \pi \frac{D_f^2}{4} h_f \rightarrow D_f = \sqrt{\frac{V_0 \cdot 4}{\pi \cdot h_f}} = \sqrt{\frac{118\,791[mm^2] \cdot 4}{\pi \cdot 45[mm]}} = 57.98\,mm$$

$$K_f = 1 + \frac{0.4 \cdot \mu \cdot D_f}{h_f} = 1 + \frac{0.4 \cdot 0.16 \cdot 57.98[mm]}{45[mm]} = 1.08$$

Como conocemos la altura inicial y final, es posible calcular la deformación real que es necesaria para conseguir el esfuerzo de fluencia, Y_f.

$$\epsilon = ln \frac{h_0}{h_f} = ln \frac{50}{45} = 0.1054$$

$$Y_f = K \cdot \epsilon^n = 400[MPa] \cdot 0.1054^{0.10} = 319.4\,MPa$$

$$A = \frac{V_0}{h_0} = \frac{118\,791[mm^3]}{50[mm]} = 2\,375.8\,mm^2$$

Por lo que ya se puede obtener la fuerza solicitada:

$$F = K_f \cdot Y_f \cdot A = 1.08 \cdot 319.4\,[MPa] \cdot 2\,375.8\,[mm^2] = 819.5\,N$$

c) Si la altura final es de 40 mm.

$$V_0 = V_f = \pi \frac{D_f^2}{4} h_f \rightarrow D_f = \sqrt{\frac{V_0 \cdot 4}{\pi \cdot h_f}} = \sqrt{\frac{118\,791[mm^2] \cdot 4}{\pi \cdot 40[mm]}} = \boldsymbol{61.49\ mm}$$

$$K_f = 1 + \frac{0.4 \cdot \mu \cdot D_f}{h_f} = 1 + \frac{0.4 \cdot 0.16 \cdot 61.49[mm]}{40[mm]} = \boldsymbol{1.10}$$

Como conocemos la altura inicial y final, es posible calcular la deformación real que es necesaria para conseguir el esfuerzo de fluencia, Y_f.

$$\epsilon = ln\frac{h_0}{h_f} = \ln\frac{50}{40} = \boldsymbol{0.2231}$$

$$Y_f = K \cdot \epsilon^n = 400[MPa] \cdot 0.2231^{0.10} = \boldsymbol{344.28\ MPa}$$

$$A = \frac{V_0}{h_0} = \frac{118\,791[mm^3]}{50[mm]} = \boldsymbol{2\,375.8\ mm^2}$$

Por lo que ya se puede obtener la fuerza solicitada:

$$F = K_f \cdot Y_f \cdot A = 1.10 \cdot 344.28[MPa] \cdot 2\,375.8[mm^2] = \boldsymbol{899.7\ N}$$

Problema 49:   Fuerza máxima

En un troquel abiertose ha producido una pieza que ha sido sometida a un proceso de recalcado en caliente. Calcular la altura final de una pieza sabiendo que el diámetro y altura del alambre inicial es 3.0 cm y 6.5 cm, respectivamente. Además, el coeficiente de fricción es de 0.25 y el diámetro final es de 4.5 cm.

Calcule para tal esfuerzo la fuerza máxima de la operación sabiendo que el esfuerzo de fluencia es de 75 MPa. Hay que tener en cuenta que debido a que el proceso se realiza a elevadas temperaturas, el coeficiente de endurecimiento en frío es nulo.

Solución.

D_a = 30 mm = diámetro del alambre.
h_a = 65 mm = altura del alambre.
D_f = 45 mm = diámetro cabeza.
μ = 0.25 = coeficiente de fricción.
Y_f = 75 MPa = esfuerzo de fluencia.

Debe cumplirse que el volumen de material inicial, V_a, es el mismo que el volumen final, V_f.

$$V_f = V_o = \pi \cdot \frac{D_o^2}{4} \cdot h_o = \pi \cdot \frac{30^2 [mm^2]}{4} \cdot 65 [mm] = 45\,945.8\ mm^3$$

Obteniendo la altura del alambre final, h_f.

$$h_f = \frac{V_f}{A_f} = \frac{V_f}{\pi \cdot \frac{D_f^2}{4}} = \frac{45\,945.8 [mm^3]}{\pi \cdot \frac{45^2 [mm^2]}{4}} = \frac{45\,945.8 [mm^3]}{1\,590.43 [mm^2]} = 28.89\ mm$$

Para conseguir la fuerza máxima requerida, F, ha de determinarse el coeficiente de forma de forjado, K_f.

$$K_f = 1 + \frac{0.4 \cdot \mu \cdot D_f}{h_f} = 1 + \frac{0.4 \cdot 0.25 \cdot 45 [mm]}{28.89 [mm]} = 1.156$$

Quedando el resultado:

$$F = K_f \cdot Y_f \cdot A_f = 1.156 \cdot 75 [MPa] \cdot 1\,590.43 [mm^2] = 138\ N$$

Problema 50: Fabricación de clavos

Se quiere conseguir la cabeza de un clavo de acero mediante el proceso de enca-bezamiento en frío por troquel abierto. Para llevarlo a cabo, se dispone de un alambre con diámetro 4.5 mm. La cabeza debe tener un espesor de 1.5 mm, un diámetro de 7 mm y el clavo una longitud final de 102 mm. El acero posee un coeficiente de resistencia de 500 MPa, un coeficiente de fricción de 0.13 y coefi-ciente de endurecimiento de 0.15. Calcular:

a) La longitud del alambre para que el volumen de material sea suficiente para realizar la cabeza del clavo.

b) La fuerza mínima necesaria que debe realizar el punzón.

Solución.

D_a = 4.5 mm = diámetro alambre
D_c = 7 mm = diámetro cabeza
t_c = 1.5 mm = espesor cabeza
K = 500 MPa = coeficiente de resistencia.
μ = 0.13 = coeficiente de fricción.

$n = 0.15 =$ exponente de endurecimiento por deformación.

a) Partiendo de que el volumen inicial, V_0, y el volumen de la cabeza, V_c, debe ser el mismo, puede despejarse la altura de alambre, h_0, necesaria para crear la cabeza:

$$V_c = V_o = A_o \cdot h_o \longrightarrow h_o = \frac{V_c}{A_o}$$

El volumen de la cabeza del clavo es:

$$V_c = A_c \cdot t_c = \pi \cdot \frac{D_c^2}{4} \cdot t_c = \pi \cdot \frac{7^2 [mm^2]}{4} \cdot 1.5[mm] = 57.73 mm^3$$

Por otro lado, el área del alambre.

$$A_o = \pi \cdot \frac{D_a^2}{4} = \pi \cdot \frac{4.5^2 [mm^2]}{4} = 15.9 \ mm^2$$

Por lo tanto, la longitud de alambre, h_0, que se debe proyectar fuera del troquel para que el volumen de material sea suficiente será:

$$h_o = \frac{V_c}{A_o} = \frac{57.73[mm^3]}{15.9[mm^2]} = 3.63 \ mm$$

b) La fuerza se expresa por la siguiente ecuación:

$$F = K_f \cdot Y_f \cdot A_c$$

Previamente se calcula el factor de forma, K_f, el esfuerzo de fluencia, Y_f, (deformación real, ε) y el área de la cabeza, A_c.

$$K_f = 1 + \frac{0.4 \cdot \mu \cdot D_c}{t_c} = 1 + \frac{0.4 \cdot 0.13 \cdot 7[mm]}{1.5[mm]} = 1.24$$

$$\varepsilon = ln \frac{h_0}{t_c} = \ln \frac{3.65}{1.5} = 0.8893$$

$$Y_f = K \cdot \varepsilon^n = 500[MPa] \cdot 0.8893^{0.15} = 491.28 \ MPa$$

$$A_c = \pi \cdot \frac{D_c^2}{4} = \pi \cdot \frac{7^2 [mm^2]}{4} = 38.48[mm^2]$$

La fuerza pedida resulta:

$$F = K_f \cdot Y_f \cdot A_c = 1.24 \cdot 491.28 \ [MPa] \cdot 38.48[mm^2] = 23.5 \ kN$$

4.2. Laminación

Problema 51: Requisito de fricción y propiedades de laminación

En un proceso de laminación, cuyo material de trabajo tiene unas dimensiones de 300 mm de ancho y 25 mm de espesor, es reducido a 22 mm de espesor en un paso de laminación. Ambos rodillos de la laminadora tienen un radio de 250 mm y una velocidad de rotación de 50 rev/min. El material de trabajo tiene una curva de fluencia definida por el coeficiente de resistencia de 275 MPa y por el exponente de endurecimiento por deformación de 0.15. El coeficiente de fricción entre los rodillos y el trabajo es de 0.12.

(a) Determine si la fricción es suficiente para realizar la laminación.

Calcule (b) la reducción, (c) la fuerza de laminado, (d) el momento de torsión, (e) la potencia y (f) la potencia en caballos de fuerza.

Solución.

$w = 300$ mm = ancho de contacto entre material y rodillo.

$t_0 = 25$ mm = espesor inicial de la pieza.

$t_f = 22$ mm = espesor final de la pieza.

$R = 250$ mm = radio del rodillo.

$N = 50$ rev/min = velocidad de rotación.

$K = 275$ MPa = coeficiente de resistencia.

$n = 0.15$ = exponente de endurecimiento por deformación.

$\mu = 0.12$ = coeficiente de fricción.

a) El requisito de la fricción de la laminación es que el draft, d, (reducción del espesor) de la tira tiene que ser menor que el draft máximo permitido, d_{max}.

$$d = t_0 - t_f = (25 - 22)[mm] = 3\ mm$$

$$d_{max} = \mu^2 R = 0.12^2 \cdot 250[mm] = 3.6\ mm$$

Como $d < d_{max}$, entonces es posible la operacion de laminado y se puede proceder a determinar la reducción, r, la fuerza de laminado, F, el momento de torsión, T, la potencia, P, y la potencia en caballos de fuerza, HP.

b) La reducción, r.

$$r = \frac{d}{t_0} = \frac{3[mm]}{25[mm]} = 0.12$$

c) Para determinar la fuerza de laminado, F, hay que calcular primero la deformación real, ε, el esfuerzo de fluencia promedio, $\overline{Y_f}$, y longitud de contacto entre material y rodillo, L.

$$\epsilon = ln\frac{t_0}{t_f} = \ln\frac{25[mm]}{22[mm]} = 0.128$$

$$\overline{Y_f} = \frac{K \cdot \epsilon^n}{1+n} = \frac{275[MPa] \cdot 0.128^{0.15}}{1+0.15} = 175.7\,MPa$$

$$L = \sqrt{R(t_0 - t_f)} = \sqrt{250[mm] \cdot (25-22)[mm]} = 27.4\,mm$$

$$F = \overline{Y_f} \cdot w \cdot L = 175.7[MPa] \cdot 300[mm] \cdot 27.4[mm] = 1\,444\,254\,N$$

d) El momento de torsión, T.

$$T = 0.5 \cdot F \cdot L = 0.5 \cdot 1\,444\,254[N] \cdot 27.4[mm] = 19\,786\,279\,Nmm$$
$$= 19\,786\,Nm$$

e) La potencia de laminado, P.

$$P = 2\pi \cdot N \cdot F \cdot L = 2\pi \cdot 50\left[\frac{rev}{min}\right] \cdot 1\,444\,254[N] \cdot 27.4[mm] =$$

$$= 12\,432\,086\,250\,\frac{N \cdot mm}{min} = 207.2\,\frac{kN \cdot m}{s} = 207.2\,kW$$

f) La potencia de laminado en caballos de fuerza, HP.

$$HP = \frac{P}{745.7} = \frac{207\,200[W]}{745.7\left[\frac{W}{hp}\right]} = 278\,hp$$

Problema 52: Draft en cada pasada

En un proceso de laminación en frío, cuyo material de trabajo tiene unas dimensiones de 400 mm de ancho y 50 mm de espesor, se quiere reducir el espesor a 20 mm en varios pasos de laminación. Todos los rodillos de la laminadora tienen un radio de 300 mm y una velocidad de rotación de 60 rev/min. El material de trabajo tiene una curva de fluencia definida por el coeficiente de resistencia de 315 MPa y por el exponente de endurecimiento por deformación de 0.2. El coeficiente de fricción entre los rodillos y el trabajo es de 0.14. Determine el draft por cada paso.

Solución.

t_0 = 50 mm = espesor inicial de la pieza.
t_f = 20 mm = espesor final de la pieza.
R = 300 mm = radio del rodillo.
μ = 0.14 = coeficiente de fricción.

Draft máximo o el máximo espesor que se puede reducir en un paso:

$$d_{max} = \mu^2 R = 0.14^2 \cdot 300 [mm] = \mathbf{5.88\ mm}$$

Número mínimo de pasos para reducir el espesor de 50 mm a 20 mm:

$$N_p = \frac{t_0 - t_f}{d_{max}} = \frac{(50 - 20)[mm]}{5.88[mm]} = \mathbf{5.1 = 6}$$

Para reducir el espesor de 50 mm a 20 mm se necesitan 6 pasos.

Finalmente, el draft por cada paso es:

$$d = \frac{t_0 - t_f}{N_p} = \frac{(50 - 20)[mm]}{6} = \mathbf{5\ mm}$$

Problema 53: Dos procesos de laminación 1

Se van a someter dos placas idénticas de aluminio 2024-T4 a dos procesos de laminación plana. Un proceso se va a realizar con dos rodillos de radio de 100 mm y el otro proceso se va a realizar con dos rodillos también, pero esta vez, de un radio de 200 mm. También es sabido que la velocidad de rotación del rodillo es de 40 m/min. De dichas placas conocemos que la anchura y el espesor inicial son 200 y 20 mm, respectivamente. El espesor final de nuestra placa es de 15 mm. El coeficiente de resistencia es de 690 MPa y el exponente de endurecimiento por deformación de 0.16. Dados estos datos, se pide, para ambos procesos se calcule:

a) La fuerza de laminación.

b) El momento de torsión de laminación.

c) La potencia requerida para realizar esta operación.

Solución.

R_1 = 100 mm = radio del rodillo en el primer proceso.

R_2 = 200 mm = radio del rodillo en el segundo proceso.

v_r = 40 m/min = 0.667 m/s = velocidad de rotación del rodillo.

t_o = 20 mm = espesor inicial.

t_f = 15 mm = espesor final.

w_o = 200 mm = 0.2 m = anchura inicial = anchura de contacto entre placa y rodillo.

n = 0.16 = exponente de endurecimiento por deformación.

K = 690 MPa = coeficiente de resistencia.

a) La fuerza de laminado viene determinada por la ecuación siguiente:

$$F = \bar{Y}_f w L$$

Para poder utilizar esta ecuación, tenemos que hallar el esfuerzo de fluencia promedio, $\bar{Y}_f$, la longitud de contacto entre material y rodillo, L y el esfuerzo de deformación real, ϵ.

$$\bar{Y}_f = \frac{K\epsilon^n}{1+n} \qquad L = \sqrt{R(t_o - t_f)} \qquad \epsilon = \ln\frac{t_o}{t_f}$$

Tenemos pues:

$$\epsilon = \ln\frac{t_o}{t_f} = \ln\frac{20[mm]}{15[mm]} = 0.2877$$

$$\bar{Y}_f = \frac{K\epsilon^n}{1+n} = \frac{690[MPa] \cdot 0.2877^{0.16}}{1+0.16} = 487.33\ MPa$$

$$L_1 = \sqrt{R_1(t_o - t_f)} = \sqrt{100[mm] \cdot (20[mm] - 15[mm])} = 22.36\ mm$$

$$L_2 = \sqrt{R_2(t_o - t_f)} = \sqrt{200[mm] \cdot (20[mm] - 15[mm])} = 31.62\ mm$$

Podemos sacar entonces la fuerza de laminado, F, para ambos procesos:

$$F_1 = \bar{Y}_f w L_1 = 487.33[MPa] \cdot 200[mm] \cdot 22.36[mm] = \mathbf{2\ 179\ 339\ N}$$

$$F_2 = \bar{Y}_f w L_2 = 487.33[MPa] \cdot 200[mm] \cdot 31.62[mm] = \mathbf{3\ 081\ 874\ N}$$

b) El momento de torsión de laminación, T, se puede determinar con la siguiente ecuación hallando el valor del momento de torsión de laminación de ambos procesos:

$$T_1 = \mathbf{0.5}F_1 L_1 = 0.5 \cdot 2\ 179\ 339[N] \cdot 0.02236[m] = \mathbf{24\ 365\ Nm}$$

$$T_2 = 0.5 F_2 L_2 = 0.5 \cdot 3\ 081\ 874[N] \cdot 0.03162[m] = \mathbf{48\ 724\ Nm}$$

c) La potencia requerida para realizar el proceso de laminado, P, viene definido por:

$$P = 2\pi N F L$$

Donde la velocidad de rotación, N, es:

$$N_1 = \frac{v_r}{2\pi R_1} = \frac{40\left[\frac{m}{min}\right]}{2\pi \cdot 0.1[m]} = \mathbf{63.66}\ \frac{rev}{min} = \mathbf{1.062}\ \frac{rev}{s}$$

$$N_2 = \frac{v_r}{2\pi R_2} = \frac{40\left[\frac{m}{min}\right]}{2\pi \cdot 0.2[m]} = \mathbf{31.83}\ \frac{rev}{min} = \mathbf{0.531}\ \frac{rev}{s}$$

Y con nuestros datos, hallamos la potencia en ambos procesos:

$$P_1 = 2\pi N_1 F_1 L_1 = 2\pi \cdot 1.062 \left[\frac{rev}{s}\right] \cdot 2\ 179\ 339[N] \cdot 0.02236[m] =$$

$$= \mathbf{325\ 162}\ \frac{Nm}{s} = W$$

$$P_2 = 2\pi N_2 F_2 L_2 = 2\pi \cdot 0.531 \left[\frac{rev}{s}\right] \cdot 3\ 081\ 874[N] \cdot 0.031623[m] =$$

$$= \mathbf{325\ 126}\ \frac{Nm}{s} = W$$

Problema 54: Dos procesos de laminación 2

Contamos con un molino de laminación en el cual se va a realizar dos procesos de laminación. En el primer proceso, se va a llevar un proceso de laminación en caliente de cobre puro templado, a una temperatura por debajo de la temperatura de cristalización. En este caso, los rodillos de laminación tienen un diámetro de 600 mm. Sabemos que para este tipo de procesos el coeficiente de fricción es 0.2.

Es conocido que la máxima fuerza que puede ejercer es de 200 kN y que tiene una máxima potencia de 75 kW. El espesor inicial de la placa a laminar es de 80 mm y deseamos que el espesor final sea igual al draft máximo. La placa tiene de ancho 350 mm. El material tiene un coeficiente de resistencia de 300 MPa y un exponente de endurecimiento por deformación de 0.5 en caliente.

En el segundo proceso, se va a realizar un proceso de laminación en caliente, con una temperatura por encima de la temperatura de cristalización (coeficiente de fricción 0.5). El proceso va a llevarse a cabo con una placa idéntica a la sometida en el proceso primero. Supongamos que el coeficiente de resistencia no varía y que el exponente de endurecimiento por deformación es 0.65.

Para ambos procesos, calcular:

a) El draft máximo.

b) La deformación real asociada.

c) La velocidad de rotación de los rodillos máxima.

Solución.

$R = D/2 = 600$ mm$/2 = 300$ mm = radio del rodillo.

$\mu_1 = 0.2$ = coeficiente de fricción (proceso 1).

$\mu_2 = 0.5$ = coeficiente de fricción (proceso 2).

$F_{max} = 200\ 000$ N = fuerza máxima de laminado.

$P_{max} = 75\ 000$ W = potencia máxima de laminado.

$t_0 = 80$ mm = espesor inicial.

t_f = draft máximo = espesor final.

$w = 350$ mm = anchura de la placa = anchura de contacto entre la pieza y el rodillo.

$K = 300$ MPa = coeficiente de resistencia.

$n_1 = 0.5$ = exponente de endurecimiento por deformación (proceso 1).

$n_2 = 0.65$ = exponente de endurecimiento por deformación (proceso 2).

Proceso primero:

a) La ecuación por la que podemos determinar el draft máximo, d_{max}, es la siguiente:

$$d_{max} = \mu^2 R = 0.2^2 \cdot 300 [mm] = \mathbf{12\ mm}$$

b) Para hallar la deformación real, ε, tenemos que usar la siguiente ecuación, donde el espesor final, t_f, es igual al d_{max}.

$$\varepsilon = \ln\frac{t_o}{t_f} = \ln\frac{t_o}{d_{max}} = \ln\frac{80[mm]}{12[mm]} = 1.898$$

c) La máxima velocidad de rotación del rodillo, N_{max}, viene dado por la Potencia máxima, la fuerza máxima y la longitud de contacto entre rodillo y material de la siguiente forma:

$$N_{max} = \frac{P_{max}}{2\pi F_{max}L}$$

De aquí tenemos todo excepto la longitud de contacto entre el rodillo y el material, L, que podemos hallarlo con la ecuación:

$$L = \sqrt{R(t_o - t_f)} = \sqrt{300[mm]\cdot(80[mm] - 12[mm])} = 142.83\ mm$$

$$N_{max} = \frac{P_{max}}{2\pi F_{max}L} = \frac{75\,000[W]}{2\pi\cdot 200\,000\,[N]\cdot 0.14283[m]} = 0.418\ \frac{rev}{s} = 25.1\ \frac{rev}{min}$$

Proceso segundo:

$$d_{max} = \mu^2 R = 0.5^2\cdot 300[mm] = 75\ mm$$

$$\varepsilon = \ln\frac{t_o}{t_f} = \ln\frac{t_o}{d_{max}} = \ln\frac{80[mm]}{75[mm]} = 0.0645$$

$$L = \sqrt{R(t_o - t_f)} = \sqrt{300[mm]\cdot(80[mm] - 75[mm])} = 38.73\ mm$$

$$N_{max} = \frac{P_{max}}{2\pi F_{max}L} = \frac{75\,000[W]}{2\pi\cdot 200\,000\,[N]\cdot 0.03873[m]} = 1.541\ \frac{rev}{s} = 92.5\ \frac{rev}{min}$$

4.3. Extrusión

Problema 55:   Factor de forma
¿Cuál es el factor de forma para diferentes orificios de extrusión?

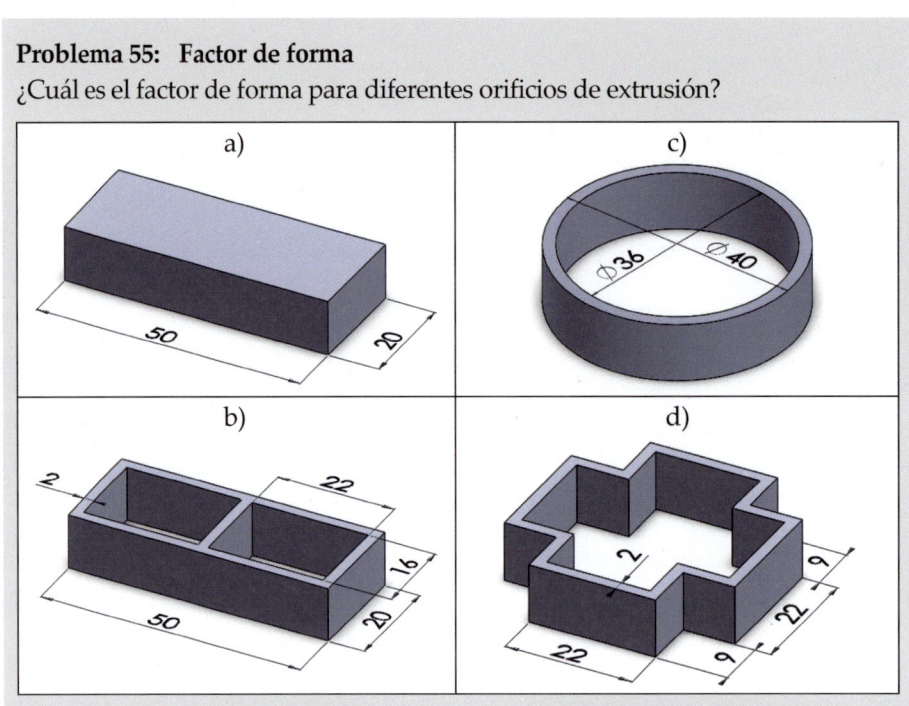

Solución.

Se utiliza la ecuación para determinar el factor de forma del troquel (de la pieza) en el proceso de extrusión:

$$K_x = 0.98 + 0.02 \times \left(\frac{C_x}{C_c}\right)^{2.25}$$

C_x = perímetro de la forma a extruirse, mm.
C_c = perímetro de un círculo de la misma área que la forma extruida, mm.

a) Circunferencia de la forma a extruirse.

$$C_x = 2 \cdot (50[mm] + 20[mm]) = 140\ mm$$

Área de la forma a extruirse.

$$A_x = 50[mm] \cdot 20[mm] = \mathbf{1\ 000\ mm^2}$$

Área de un círculo de la misma área que la forma extruida.

$$A_x = A_o = \pi r^2 = 1\ 000\ mm^2 \rightarrow r = \sqrt{\frac{1\ 000}{\pi}} = \mathbf{17.84\ mm}$$

Circunferencia de un círculo de la misma área que la forma extruida.

$$C_c = 2\pi r = 2\pi \cdot 17.84[mm] = \mathbf{112.09\ mm}$$

Factor de forma del troquel en extrusión.

$$K_x = \mathbf{0.98} + \mathbf{0.02} \times \left(\frac{C_x}{C_c}\right)^{\mathbf{2.25}} = 0.98 + 0.02 \cdot \left(\frac{140[mm]}{112.09[mm]}\right)^{2.25} = \mathbf{1.01}$$

b)

$$C_x = 2 \cdot (50 + 20) + 4 \cdot (16 + 22) = \mathbf{292\ mm}$$

$$A_x = 50 \cdot 20 - 2 \cdot (22 \cdot 16) = \mathbf{296\ mm^2}$$

$$A_x = A_o = \pi r^2 = 296\ mm^2 \rightarrow r = \sqrt{\frac{296}{\pi}} = \mathbf{9.71\ mm}$$

$$C_c = 2\pi r = 2\pi \cdot 9.71[mm] = \mathbf{61.64\ mm}$$

$$K_x = \mathbf{0.98} + \mathbf{0.02} \times \left(\frac{C_x}{C_c}\right)^{\mathbf{2.25}} = 0.98 + 0.02 \cdot \left(\frac{292[mm]}{61.64[mm]}\right)^{2.25} = \mathbf{1.64}$$

c)

$$C_x = 2\pi r_{ext} + 2\pi r_{int} = \pi D_{ext} + \pi D_{int} = \pi(40 + 36)[mm] = \mathbf{238.76\ mm}$$

$$A_x = \pi r_{ext}^2 - \pi r_{int}^2 = \pi(20^2 - 18^2)[mm^2] = \mathbf{238.76\ mm^2}$$

$$A_x = A_o = \pi r^2 = 238.76\ mm^2 \rightarrow r = \sqrt{\frac{238.76}{\pi}} = \mathbf{8.72\ mm}$$

$$C_c = 2\pi r = 2\pi \cdot 8.72[mm] = \mathbf{54.78\ mm}$$

$$K_x = \mathbf{0.98} + \mathbf{0.02} \times \left(\frac{C_x}{C_c}\right)^{\mathbf{2.25}} = 0.98 + 0.02 \cdot \left(\frac{238.76[mm]}{54.78[mm]}\right)^{2.25} = \mathbf{1.53}$$

d)

$$C_x = 4 \cdot 22[mm] + 8 \cdot 9[mm] + 4 \cdot 18[mm] + 8 \cdot 9[mm] = 304 \; mm$$
$$A_x = 4 \cdot (18 \cdot 2) + 8 \cdot (9 \cdot 2) + 4 \cdot (2 + 2) = 304 mm^2$$

También se podría calcular de la siguiente forma:

$$A_x = 40 \cdot 40 - 4 \cdot (9 \cdot 9) - 4 \cdot (9 \cdot 18) - (18 \cdot 18) = 304 \; mm^2$$

$$A_x = A_o = \pi r^2 = 304 \; mm^2 \rightarrow r = \sqrt{\frac{304}{\pi}} = 9.84 \; mm$$

$$C_c = 2\pi r = 2\pi \cdot 9.84[mm] = 61.81 \; mm$$

$$K_x = 0.98 + 0.02 \times \left(\frac{C_x}{C_c}\right)^{2.25} = 0.98 + 0.02 \cdot \left(\frac{304[mm]}{61.81[mm]}\right)^{2.25} = 1.70$$

Problema 56: Extrusión directa e indirecta en frío

Se quiere extruír, mediante extrusión directa en frío, un cilindro de 5.5 cm de diámetro y 8 cm de longitud. La pieza final tiene la sección transversal en forma de cuadrado de 2.7 cm por lado. El ángulo del troquel es de 85º, el coeficiente de endurecimiento por deformación es de 0.18, el coeficiente de resistencia del metal es 180 MPa y las constantes de Johnson a y b son 0.8 y 1.2, respectivamente. Determine:

a) La relación de extrusión, la deformación real y la deformación de la extrusión directa.

b) La presión y fuerza del pistón en caso de extrusión indirecta.

c) La presión y fuerza del pistón teniendo en cuenta el efecto de la fricción del ángulo α del troquel en la extrusión directa.

d) La presión y fuerza del pistón teniendo en cuenta, además, el efecto de la fricción pared-material en la extrusión directa.

e) La presión y fuerza del pistón teniendo en cuenta, además, el efecto de factor de forma del troquel.

f) La presión y fuerza del pistón teniendo en cuenta el efecto de factor de forma del troquel en caso de extrusión indirecta.

g) Resume los valores de presión y fuerza de la extrusión directa e indirecta en una tabla.

h) La longitud de la sección extruida, si el tope que se deja en el recipiente al final de la carrera es 1.5 cm. Suponga que el ángulo del troquel es 90º.

Solución.

$D_0 = 55$ mm = diámetro inicial.

$L_0 = 80$ mm = longitud inicial.

$L_t = 15$ mm = longitud del tope.

$A_f = 27 \cdot 27$ mm $= 729$ mm^2 = área final.

$\alpha = 85^\circ$ = ángulo del troquel.

$n = 0.18$ = exponente de endurecimiento por deformación.

$K = 180$ MPa = coeficiente de resistencia.

a y $b = 0.8$ y 1.2 = constantes empíricas para el ángulo del troquel, α.

a) Calculando la relación de extrusión, r_x, la deformación real, ε, y la deformación de la extrusión directa, ε_x.

$$r_x = \frac{A_o}{A_f} = \frac{\pi \cdot \frac{D_o^2}{4}}{A_f} = \frac{\pi \cdot \frac{55^2 [mm^2]}{4}}{729 [mm^2]} = \frac{2\,376 [mm^2]}{729 [mm^2]} = \mathbf{3.26}$$

$$\varepsilon = \ln r_x = \ln 3.26 = \mathbf{1.1814}$$

$$\varepsilon_x = a + b \cdot \ln r_x = 0.8 + 1.2 \cdot \ln 3.26 = \mathbf{2.2177}$$

b) Para calcular la presión, p, y fuerza, F, del pistón (para la extrusión indirecta) hay que primero determinar el esfuerzo de fluencia promedio, $\overline{Y_f}$.

$$\overline{Y_f} = \frac{K \cdot \varepsilon^n}{1 + n} = \frac{180 [MPa] \cdot 1.1814^{0.18}}{1 + 0.18} = \mathbf{157.19\,MPa}$$

$$p = \overline{Y_f} \cdot \varepsilon = 157.19 [MPa] \cdot 1.1814 = \mathbf{185.70\,MPa}$$

$$p = \frac{F}{A_0} \rightarrow F = p \cdot A_o = 185.70 [MPa] \cdot 2\,376 [mm^2] = \mathbf{441.23\,kN}$$

c) Calculando la presión y fuerza del pistón teniendo en cuenta el efecto de la fricción del ángulo α del troquel en la extrusión directa.

$$p = \overline{Y_f} \cdot \varepsilon_x = 157.19 [MPa] \cdot 2.2177 = \mathbf{348.60\,MPa}$$

$$F = p \cdot A_o = 348.60 [MPa] \cdot 2\,376 [mm^2] = \mathbf{828.27\,kN}$$

d) Calculando la presión y fuerza del pistón teniendo en cuenta, además, el efecto de la fricción pared-material en la extrusión directa.

$$p = \overline{Y_f} \cdot \left(\varepsilon_x + \frac{2L}{D_0}\right) = 157.19[MPa] \cdot \left(2.2177 + \frac{2 \cdot 80[mm]}{55[mm]}\right) = 805.88\ MPa$$

$$F = p \cdot A_o = 805.88[MPa] \cdot 2\ 376[mm^2] = 1\ 914.77\ kN$$

e) La presión y fuerza del pistón teniendo en cuenta, además, el efecto de factor de forma del troquel.

Calculamos el factor de forma, K_x, a partir de la ecuación:

$$K_x = 0.98 + 0.02 \times \left(\frac{C_x}{C_c}\right)^{2.25}$$

Se calcula el perímetro de la forma a extruirse, C_x.

$$C_x = 4 \cdot 27[mm] = 108\ mm$$

Se halla el radio del círculo, r:

$$A_0 = A_f = \pi r^2 \longrightarrow r = \sqrt{\frac{A_f}{\pi}} = \sqrt{\frac{729[mm^2]}{\pi}} = 15.23\ mm$$

Se calcula el perímetro de un círculo de la misma área que la forma extruida, C_c.

$$C_c = 2\pi r = 2\pi \cdot 15.23[mm] = 95.70\ mm$$

Finalmente, se calcula el factor de forma, K_x.

$$K_x = 0.98 + 0.02 \times \left(\frac{C_x}{C_c}\right)^{2.25} = 0.98 + 0.02 \cdot \left(\frac{108[mm]}{95.70[mm]}\right)^{2.25} = 1.006$$

$$p = K_x \cdot \overline{Y_f} \cdot \left(\varepsilon_x + \frac{2L}{D_0}\right) =$$

$$= 1.006 \cdot 157.19[MPa] \cdot \left(2.2177 + \frac{2 \cdot 80[mm]}{55[mm]}\right) = 810.72\ MPa$$

$$F = p \cdot A_o = 810.72[MPa] \cdot 2\ 376[mm^2] = 1\ 926.26\ kN$$

f) La presión y fuerza del pistón teniendo en cuenta el efecto de factor de forma del troquel si se trataría de la extrusión indirecta.

$$p = K_x \cdot \overline{Y_f} \cdot \varepsilon = 1.006 \cdot 157.19[MPa] \cdot 1.1814 = \mathbf{186.82 \, MPa}$$

$$F = p \cdot A_o = 186.82[MPa] \cdot 2\,376[mm^2] = \mathbf{443.88 \, kN}$$

g) Resume los valores de presión y fuerza de la extrusión directa e indirecta en una tabla.

Extrusión	Presión [MPa]	Furza [kN]
E. indirecta	186	441
E. indirecta + factor de forma K_x	187	444
E. directa + factor del ángulo α	349	828
E. directa + α + factor de fricción $\mu_{p\text{-}m}$	806	1 915
E. directa + α + $\mu_{p\text{-}m}$ + K_x	811	1 926

h) Para calcular la longitud de la sección extruida, L_f, si el tope que se deja en el recipiente al final de la carrera es 1.5 cm hay que primero determinar el volumen total, V_T, el volumen perdido, V_P, y el volumen para la extrusión, V_E. Suponga, que el ángulo del troquel, α, es 90º.

$$V_T = L_o \cdot \left(\pi \cdot \frac{D_o^2}{4} \right) = 80[mm] \cdot \left(\pi \cdot \frac{55^2[mm^2]}{4} \right) = \mathbf{190\,066.36 \, mm^3}$$

$$V_P = L_t \cdot \left(\pi \cdot \frac{D_o^2}{4} \right) = 15[mm] \cdot \left(\pi \cdot \frac{55^2[mm^2]}{4} \right) = \mathbf{35\,637.4 \, mm^3}$$

$$V_E = V_T - V_P = (190\,066.36 - 35\,637.4)[mm^3] = \mathbf{154\,428.96 \, mm^3}$$

$$V_E = A_f \cdot L_f \rightarrow L_f = \frac{V_E}{A_f} = \frac{154\,428.96[mm^3]}{729[mm^2]} = \mathbf{211.84 \, mm}$$

Problema 57:   Relación de extrusión, deformaciones, presión y fuerza

Se quiere realizar una extrusión indirecta de un material con forma cilíndrica de 80 mm de longitud y 35 mm de diámetro. La fluencia del material viene determinada por el coeficiente de resistencia de 650 MPa y el exponente de endurecimiento es de 0.14. Los coeficientes de la ecuación de Johnson son $a = 0.8$ y $b = 1.25$. Teniendo en cuenta que el ángulo del troquel es de 90° y el diámetro se reduce a 15 mm, calcular:

a) La relación de extrusión.

b) La deformación real.

c) La deformación de extrusión directa.

d) La presión del pistón para deformación real.

e) La presión del pistón para deformación de extrusión directa.

f) La fuerza del pistón para deformación real.

Solución.

D_a = 35 mm = diámetro inicial.

D_f = 15 mm = diámetro final.

K = 650 MPa = coeficiente de resistencia.

n = 0.14 = exponente de endurecimiento por deformación.

a) La relación de extrusión, r_x, es el cociente entre las áreas inicial y final.

$$r_x = \frac{A_o}{A_f} = \frac{\pi \cdot \frac{D_o^2}{4}}{\pi \cdot \frac{D_f^2}{4}} = \frac{D_o^2}{D_f^2} = \frac{35^2 [mm^2]}{15^2 [mm^2]} = 5.44$$

b) La deformación real, ε, se expresa como:

$$\varepsilon = \ln r_x = \ln 5.44 = 1.694$$

c) La deformación de extrusión, ε_x, propuesta por Johnson se puede calcular según la siguiente ecuación donde se involucran las constantes a y b que son determinadas por el ángulo del troquel, lo que da una ecuación de deformación más acercada a la realidad que la deformación calculada en el apartado anterior.

$$\varepsilon_x = a + b \cdot \ln r_x = 0.8 + 1.25 \cdot \ln 5.44 = 2.918$$

d) Previamente ha de calcularse el esfuerzo de fluencia promedio, $\overline{Y}_f$, y después la presión, p, necesaria por el pistón para realizar el proceso, en una extrusión indirecta, tomando en cuenta los factores de Johnson.

$$\overline{Y}_f = \frac{K \cdot \varepsilon^n}{1+n} = \frac{650[MPa] \cdot 1.694^{0.14}}{1+0.14} = 613.84\ MPa$$

$$p = \overline{Y}_f \cdot \varepsilon = 613.84[MPa] \cdot 1.694 = 1\ 039.9\ MPa$$

e) La presión del pistón para deformación de extrusión directa

$$\overline{Y}_f = \frac{K \cdot \varepsilon_x^n}{1+n} = \frac{650[MPa] \cdot 2.918^{0.14}}{1+0.14} = 662.4\ MPa$$

$$p = \overline{Y}_f \cdot \varepsilon_x = 613.84[MPa] \cdot 2.918 = 1\ 791.2\ MPa$$

f) La fuerza del pistón se calcula con la ecuación:

$$p = \frac{F}{A_0} \rightarrow F = p \cdot A_o = p \cdot \pi \frac{D_o^2}{4} = 1\ 791.2[MPa] \cdot \pi \frac{35^2[mm^2]}{4} = 1\ 723.3\ N$$

Problema 58: Extrusión con diferentes longitudes del tocho remanente
Se realiza un proceso de extrusión, con un ángulo de 45º del troquel, sobre una pieza con una longitud inicial de 50 mm y un diámetro inicial de 30 mm, que pasará a un diámetro final de 17 mm. Las condiciones para el metal de trabajo es el coeficiente de resistencia de 500 MPa y el exponente de endurecimiento por deformación de 0.25. Las constantes empíricas, a y b, para el ángulo de troquel son constantes con un valor 0.8 y 1.2 respectivamente. Calcular:
a) la relación de extrusión.
b) la deformación real.
c) la deformación de extrusión.
d) la presión total directa del pistón y la fuerza del pistón a longitud inicial del tocho remanente de 50, 40 y 30 mm.

Solución.

$\alpha = 45º$ = ángulo del troquel.
$L = 50$ mm = longitud inicial.
$D_a = 30$ mm = diámetro inicial.

D_f = 17 mm = diámetro final.

K = 500 MPa = coeficiente de resistencia.

n = 0.25 = exponente de endurecimiento por deformación.

a y b = 0.8 y 1.2 = constantes empíricas para el ángulo del troquel, α.

a) La relación de extrusión, r_x.

$$r_x = \frac{A_o}{A_f} = \frac{\pi \frac{D_o^2}{4}}{\pi \frac{D_f^2}{4}} = \frac{D_o^2}{D_f^2} = \frac{30^2 [mm^2]}{17^2 [mm^2]} = \mathbf{3.11}$$

b) La deformación real, ε.

$$\varepsilon = \ln r_x = \ln 3.11 = \mathbf{1.136}$$

c) La deformación de extrusión, ε_x.

$$\varepsilon_x = a + (b \ln r_x) = 0.8 + (1.2 \cdot \ln 3.11) = \mathbf{2.163}$$

d) Para determinar la presión total directa, p_{td}, hay que sumar la presión aplicada por el pistón, p_p, y la presión necesaria para superar la fricción, p_f. Sin embargo, primero se tiene que calcular el esfuerzo de fluencia promedio, $\overline{Y}_f$.

$$p_{td} = p_p + p_f = \overline{Y}_f \varepsilon_x + \overline{Y}_f \frac{2L}{D_o} = \overline{Y}_f \left(\varepsilon_x + \frac{2L}{D_o} \right)$$

$$\overline{Y}_f = \frac{K \varepsilon_x^n}{1 + n} = \frac{500 [MPa] \cdot 2.163^{0.25}}{1 + 0.25} = \mathbf{485.1 \, MPa}$$

La fuerza del pistón, F, se obtiene multiplicando la presión total directa, p_{td}, y el área inicial, A_0.

$$A_0 = \pi \frac{D_o^2}{4} = \pi \frac{30^2 [mm^2]}{4} = \mathbf{706.86 \, mm^2}$$

$$p = \frac{F}{A_0} \longrightarrow F = p \cdot A_0$$

Para L = 50 mm.

$$p_{td(50)} = 485.1 [MPa] \left(2.163 + \frac{2 \cdot 50 [mm]}{30 [mm]} \right) = \mathbf{2\,666.27 \, MPa}$$

$$F_{(50)} = 2\,666.27[MPa] \cdot 706.86[mm^2] = \mathbf{1\,884.68\ kN}$$

Para $L = 40$ mm.

$$p_{td(40)} = 485.1[MPa]\left(2.163 + \frac{2 \cdot 40[mm]}{30[mm]}\right) = \mathbf{2\,342.87\ MPa}$$

$$F_{(40)} = 2\,342.87[MPa] \cdot 706.86[mm^2] = \mathbf{1\,656.09\ kN}$$

Para $L = 30$ mm.

$$p_{td(30)} = 485.1[MPa]\left(2.163 + \frac{2 \cdot 30[mm]}{30[mm]}\right) = \mathbf{2\,019.47\ MPa}$$

$$F_{(30)} = 2\,019.47[MPa] \cdot 706.86[mm^2] = \mathbf{1\,427.48\ kN}$$

4.4. Estirado

Problema 59: Estirado

Se quiere fabricar un alambre con un diámetro inicial de 2.5 mm. Se tiene que estirar por medio de un troquel con una abertura de 2.1 mm. El ángulo de entrada tiene que ser 21º, el coeficiente de trabajo tiene un coeficiente trabajo-troquel de 0.10, el metal de trabajo tiene un coeficiente de resistencia de 475 MPa y su exponente de deformación es de 0.30. El proceso se tiene que hacer a temperatura ambiente. Determine:

a) El área de reducción.

b) El esfuerzo de estirado con fricción.

c) La fuerza de estirado con fricción requerida para la operación.

d) El esfuerzo de estirado sin fricción.

e) La fuerza de estirado sin fricción requerida para la operación.

f) Compara los resultados de esfuerzo y fuerza con y sin fricción.

Solución.

D_0 = 2.5 mm = diámetro original del alambre.

D_f = 2.1 mm = diámetro final del alambre.

α = 21º = ángulo del troquel.

μ = 0.10 = coeficiente de fricción de la pared.

K = 475 MPa = coeficiente de resistencia.

n = 0.30 = exponente de deformación.

a) Para determinar el área de reducción del estirado, r, se calcula primero el área inicial, A_0, y final, A_f.

$$A_0 = \pi \, \frac{2.5^2 [mm^2]}{4} = 4.91 \, mm^2$$

$$A_f = \pi \, \frac{2.1^2 [mm^2]}{4} = 3.46 \, mm^2$$

$$r = \frac{A_0 - A_f}{A_0} = \frac{(4.91 - 3.46)[mm^2]}{4.91[mm^2]} = 0.295$$

b) Para determinar el esfuerzo con fricción, σ_d, hay que calcular primero, el diámetro promedio, D, longitud de contacto material-troquel, L_c, el factor de deformación no homogéneo, φ, la deformación real, ε, y el esfuerzo de fluencia promedio, $\overline{Y_f}$.

$$D = \frac{D_0 + D_f}{2} = \frac{(2.5 + 2.1)[mm]}{2} = 2.3 \, mm$$

$$L_c = \frac{D_0 + D_f}{2 \sin \alpha} = \frac{(2.5 + 2.1)[mm]}{2 \sin 21} = 6.41 \, mm$$

$$\phi = 0.88 + 0.12 \frac{D}{L_c} = 0.88 + 0.12 \frac{2.3[mm]}{6.41[mm]} = 0.92$$

$$\epsilon = ln \frac{A_0}{A_f} = ln \frac{4.94[mm^2]}{3.46[mm^2]} = 0.356$$

$$\overline{Y_f} = \frac{K \cdot \epsilon^n}{1 + n} = \frac{475[MPa] \cdot 0.356^{0.30}}{1 + 0.30} = 268.03 \, MPa$$

Sustituimos y resolvemos:

$$\sigma_d = \overline{Y_f} \cdot \left(1 + \frac{\mu}{\tan \alpha}\right) \cdot \phi \cdot \epsilon =$$

$$= 268.03[MPa] \cdot \left(1 + \frac{0.10}{\tan 21}\right) \cdot 0.92 \cdot 0.356 =$$

$$= 268.03[MPa] \cdot 1.26 \cdot 0.92 \cdot 0.356 = 110.61 \, MPa$$

c) La fuerza de estirado con fricción se calcula de la siguiente manera:

$$F = A_f \cdot \sigma_d = 3.46[mm^2] \cdot 110.61[MPa] = 382.71 \, N$$

d) Para determinar el esfuerzo de estirado sin fricción, σ, hay que calcular solo la deformación real, ε, y el esfuerzo de fluencia promedio, $\overline{Y_f}$. Estos valores ya se han calculado en el apartado anterior:

$$\sigma = \overline{Y_f} \cdot \epsilon = 268.03[MPa] \cdot 0.356 = 95.42 \, MPa$$

e) La fuerza de estirado se calcula de la siguiente manera:

$$F = A_f \cdot \sigma = 3.46[mm^2] \cdot 95.42 \, [MPa] = 330.15 \, N$$

f) Compara los resultados de esfuerzo y fuerza con y sin fricción.
   Tanto el esfuerzo como la fuerza tiene que tener valores menores en el caso sin fricción que en el con fricción. Este requisito se cumple.

Problema 60: Estirado con dos troqueles

Se quiere fabricar un alámbre mediante estirado con dos troqueles. El diámetro inicial del alámbre es 3.5 mm. Cada troquel tiene una reducción de área en el estirado de 0.20. El metal del alámbre tiene una resistencia de 500 MPa y un exponente de endurecimiento de 0.22. Cada troquel tiene un ángulo de entrada de 15º y un coeficiente de fricción en la interfaz trabajo-troquel de 0.15. La potencia generada por el motor es 1.47 kW. La eficiencia es 90%.

¿Cuál es la velocidad máxima del alambre que sale del último troquel?

a) Teniendo en cuenta el efecto de la fricción.

b) Obviando el efecto de la fricción.

Solución.

D_0 = 3.5 mm = diámetro original del alambre.

r = 0.20 = reducción del área en el estirado.

K = 500 MPa = coeficiente de resistencia.

n = 0.22 = exponente de endurecimiento por deformación.

α = 15º = ángulo del troquel.

μ = 0.15 = coeficiente de fricción de la pared.

P = 1 470 W = potencia total generada por el motor.

P_e = 1 470 W $\cdot$ 0.9 = **1 323 W** = potencia total generada por el motor teniendo en cuenta la eficiencia.

a) **Solución teniendo en cuenta el efecto de la fricción:**

Primer troquel:

En este problema tendremos que calcular la fuerza de estirado, F, para poder calcular la velocidad de los alambres en el troquelado, tanto en el primero como en el segundo, para ello tendremos que hacer los siguientes pasos:

Se calcula el área inicial, A_0, y final, A_f para calcular la deformación real, ε.

$$A_0 = \pi \frac{D_0^2}{4} = \pi \frac{3.5^2 \, [mm^2]}{4} = \textbf{7.79 } \textbf{\textit{mm}}^2$$

$$r = \frac{A_0 - A_f}{A_0} \rightarrow A_f = A_0 \cdot (1 - r) = 7.79 [mm^2] \cdot (1 - 0.20) = \textbf{6.23 } \textbf{\textit{mm}}^2$$

$$\epsilon_1 = ln \frac{A_0}{A_f} = ln \frac{7.79 [mm^2]}{6.23 [mm^2]} = \textbf{0.22}$$

Para determinar la fuerza de estirado, F, hay que determinar la calcular primero, el diámetro final, D_f, el diámetro promedio, D, longitud de contacto material-troquel, L_c, el factor de deformación no homogéneo, φ, la deformación real, ε_1, y el esfuerzo de fluencia promedio, $\overline{Y}_f$.

$$A_f = \pi \frac{D_f^2}{4} \rightarrow D_f = \sqrt{\frac{4 \cdot A_f}{\pi}} = \sqrt{\frac{4 \cdot 6.23[mm^2]]}{\pi}} = 2.9\ mm$$

$$D = \frac{D_0 + D_f}{2} = \frac{(3.5 + 2.9)[mm]}{2} = 3.2\ mm$$

$$L_c = \frac{D_0 + D_f}{2\ sin\ \alpha} = \frac{(3.5 + 2.9)[mm]}{2\ sin\ 15} = 12.36\ mm$$

$$\phi = 0.88 + 0.12\frac{D}{L_c} = 0.88 + 0.12\frac{3.2[mm]}{12.36[mm]} = 0.91$$

$$\overline{Y}_f = \frac{K \cdot \epsilon_1^n}{1 + n} = \frac{500[MPa] \cdot 0.22^{0.22}}{1 + 0.22} = 293.72\ MPa$$

Teniendo todos los datos podemos calcular la fuerza de estirado:

$$F = A_f \cdot \sigma_d = A_f \cdot \overline{Y}_f \cdot \left(1 + \frac{\mu}{tan\ \alpha}\right) \cdot \phi \cdot \epsilon_1$$

$$F = 6.23[mm^2] \cdot 293.72[MPa] \cdot \left(1 + \frac{0.15}{tan15}\right) \cdot 0.91 \cdot 0.22 =$$

$$= 6.23[mm^2] \cdot 293.72[MPa] \cdot 1.56 \cdot 0.91 \cdot 0.22 = 571.42\ N$$

Una vez obtenida la fuerza podemos calcular la velocidad, v, en el primer troquel, sabiendo que la eficiencia son 90%.

$$P_e = F \cdot v \rightarrow v = \frac{P_e}{F} = \frac{1\,323[W = \frac{Nm}{s}]}{571.42[\ N]} = 2.32\ \frac{m}{s}$$

Segundo troquel:

$$A_0 = A_{f(primer\ troquel)} = 6.23\ mm^2$$

$$r = \frac{A_0 - A_f}{A_0} \rightarrow A_f = A_0 \cdot (1 - r) = 6.23[mm^2] \cdot (1 - 0.20) = 4.98\ mm^2$$

$$\epsilon_2 = ln\frac{A_0}{A_f} = ln\frac{6.23[mm^2]}{4.98[mm^2]} = 0.22$$

La deformación total es la suma de ambos esfuerzos hechos en el primer alambre como en el segundo.

$$\epsilon_{1+2} = \epsilon_1 + \epsilon_2 = 0.22 + 0.22 = \mathbf{0.44}$$

$$\mathbf{D_0} = D_{f(primer\ troquel)} = \mathbf{2.9\ mm^2}$$

$$A_f = \pi\frac{D_f^2}{4} \rightarrow \mathbf{D_f} = \sqrt{\frac{4 \cdot A_f}{\pi}} = \sqrt{\frac{4 \cdot 4.98[mm^2]}{\pi}} = \mathbf{2.5\ mm}$$

$$\mathbf{D} = \frac{\mathbf{D_0 + D_f}}{2} = \frac{(2.9 + 2.5)[mm]}{2} = \mathbf{2.7\ mm}$$

$$\mathbf{L_c} = \frac{\mathbf{D_0 + D_f}}{2\,\mathbf{sin}\,\alpha} = \frac{(2.9 + 2.5)[mm]}{2\sin 15} = \mathbf{10.43\ mm}$$

$$\boldsymbol{\phi} = \mathbf{0.88 + 0.12}\frac{\mathbf{D}}{\mathbf{L_c}} = 0.88 + 0.12\frac{2.7[mm]}{10.43[mm]} = \mathbf{0.91}$$

$$\overline{\mathbf{Y_f}} = \frac{\mathbf{K \cdot \epsilon_{1+2}^n}}{\mathbf{1 + n}} = \frac{500[MPa] \cdot 0.44^{0.22}}{1 + 0.22} = \mathbf{342.11\ MPa}$$

$$\mathbf{F} = \mathbf{A_f \cdot \sigma_d} = \mathbf{A_f \cdot \overline{Y_f} \cdot \left(1 + \frac{\mu}{\tan\alpha}\right) \cdot \phi \cdot \epsilon_{1+2}}$$

$$\mathbf{F} = 4.98[mm^2] \cdot 342.11[MPa] \cdot \left(1 + \frac{0.15}{\tan 15}\right) \cdot 0.91 \cdot 0.44 =$$

$$= 4.98[mm^2] \cdot 342.11[MPa] \cdot 1.56 \cdot 0.91 \cdot 0.44 = \mathbf{1\,064\ N}$$

$$\mathbf{P_e} = \mathbf{F \cdot v} \rightarrow \mathbf{v} = \frac{\mathbf{P_e}}{\mathbf{F}} = \frac{1\,323[W = \frac{Nm}{s}]}{1\,064[\,N]} = \mathbf{1.24}\,\frac{m}{s}$$

b) Solución obviando el efecto de la fricción:

Siguiente procedimiento es parecido al del apartado anterior, obviando algunos cálculos que son necesarios solo cuando se tiene que tener en cuenta la fricción, que no es el caso en este apartado. Los valores del área final, A_f, el esfuerzo de fluencia promedio, $\overline{Y_f}$ y la deformación real, ε, se escogen del apartado anterior.

Primer troquel:

$$\mathbf{F} = \mathbf{A_f \cdot \sigma_d} = \mathbf{A_f \cdot \overline{Y_f} \cdot \epsilon_1}$$

$$F = 6.23[mm^2] \cdot 293.72[MPa] \cdot 0.22 = \mathbf{402.57\ N}$$

$$P_e = F \cdot v \rightarrow v = \frac{P_e}{F} = \frac{1\,323\left[W = \frac{Nm}{s}\right]}{402.57[\,N\,]} = 3.29\,\frac{m}{s}$$

Segundo troquel:

$$F = A_f \cdot \sigma_d = A_f \cdot \overline{Y_f} \cdot \epsilon_{1+2}$$

$$F = 4.98[mm^2] \cdot 293.72[MPa] \cdot 0.44 = 643.6\,N$$

$$P_e = F \cdot v \rightarrow v = \frac{P_e}{F} = \frac{1\,323\left[W = \frac{Nm}{s}\right]}{643.6[\,N\,]} = 2.06\,\frac{m}{s}$$

4.5. Operaciones de corte

Problema 61:   Corte
En una cizalla hidráulica, Durma SBT 3016, hay que cortar una lámina de acero inoxidable. Las dimensiones de la lámina antes de cortarla son:
4.5 m (longitud) · 1 m (anchura) · 2.5 mm (espesor).
Se pretenden cortar láminas con dimensiones:
1 m (longitud) · 1 m (anchura) · 2.5 mm (espesor).
Una lámina de acero inoxidable recocido tiene módulo elástico de 193 GPa y resistencia a la cortadura de 52 kg/mm². El equipo de cizalla tiene el ángulo de inclinación del filo fijo e igual a 2º, la fuerza máxima del equipo que se puede aplicar es 67 toneladas, la anchura de corte máxima son 3 metros y la velocidad de corte es 1.8 m/min.
Determine:

a) ¿Qué valor de tolerancia tiene que haber entre punzón y troquel? Suponga que la tolerancia del espacio es 7.5%.

b) ¿Qué fuerza mínima es necesaria para hacer un corte con cuchillas oblicuas?

c) ¿Qué potencia mínima es necesaria para hacer un corte con cuchillas oblicuas?

d) En el caso teorético, si las cuchillas fueran paralelas, ¿qué fuerza mínima sería necesaria para hacer un corte?

e) ¿Qué espesor máximo es posible cortar con esta cizalla hidráulica para un acero inoxidable recocido?

Solución.

A_c = 7.5% = tolerancia del espacio.

t = 2.5 mm = espesor de la lámina.

σ_c = 52 kg/mm² = resistencia a cortadura, MPa.

w = 1 m = 1000 mm = longitud del material para cortar.

t = 2.5 mm = espesor del material para cortar.

λ = 2º = ángulo de inclinación del filo.

v = 1.8 m/min = 0.03 m/s

F_{max} = 67 t = 67 000 kg = (67 000 · 9.81) N = 657 270 N = fuerza máxima.

a) Espacio entre punzón y troquel, c:

$$c = A_c \cdot t = 0.075[-] \cdot 2.5[mm] = \mathbf{0.1875\ mm}$$

b) Primero hay que convertir la resistencia a cortadura de kg/mm² a MPa. Luego se calcula la fuerza mínima necesaria para hacer un corte con cuchillas oblicuas, F_{co}.

$$\sigma_c = 52 \left[\frac{kg}{mm^2}\right] \cdot 9.81 \left[\frac{N}{kg}\right] = 509.95 \left[\frac{N}{mm^2}\right] = \mathbf{509.95\ MPa}$$

$$F_{co} = \frac{0.25 \cdot t^2 \cdot \sigma_c}{\tan \lambda} = \frac{0.25 \cdot 2.5^2 [mm^2] \cdot 509.95[MPa]}{\tan 2} = \mathbf{22.8\ kN}$$

c) La potencia mínima necesaria para hacer un corte con cuchillas oblicuas:

$$P_{co} = F \cdot v = 22\,800[N] \cdot 0.03 \left[\frac{m}{s}\right] = 684 \frac{Nm}{s} = \mathbf{684\ W}$$

d) Si las cuchillas serían paralelas hay que tener en cuenta, en la fórmula, la anchura del corte, w.

$$F_{cp} = S \cdot \sigma_c = w \cdot t \cdot \sigma_c = 1000[mm] \cdot 2.5[mm] \cdot 509.95[MPa] = \mathbf{1\,275\ kN}$$

Con las cuchillas (de punzón y troquel) paralelas hay que cortar toda la longitud del material a la vez. Por lo cual la fuerza, F_{cp}, necesaria es mucho mayor que en el caso del filo de punzón inclinado. Esta fuerza necesaria para cortar este material aumenta hasta los 1 275 kN.

e) Espesor máximo que puede cortar la cizalla hidraúlica:
Hay que tener en cuenta la fuerza máxima, F_{max}, que el equipo puede aplicar.

$$F_{max} = \frac{0.25 \cdot t^2 \cdot \sigma_c}{\tan \lambda} \rightarrow t = \sqrt{\frac{F_{max} \cdot \tan \lambda}{0.25 \cdot \sigma_c}} = \sqrt{\frac{657\,270[N] \cdot \tan 2}{0.25 \cdot 509.95[MPa]}} = \mathbf{13.4\ mm}$$

4.6. Embutido

Problema 62: Embutido
Determine el tamaño del disco inicial para fabricar un recipiente por un proceso de embutición. El recipiente final tiene diámetro interior de 90 mm, diámetro exterior de 100 mm, altura interior de 20 mm y altura exterior de 25 mm. ¿Es factible la operación?

Solución.

d_i = 90 mm = diámetro interior.

d_e = 100 mm = diámetro exterior.

$d = (d_i+d_e)/2$ = 95 mm = diámetro de la pieza del eje al eje.

h_i = 20 mm = altura interior.

h_e = 25 mm = altura exterior.

$h = (h_i+h_e)/2$ = 22.5 mm = altura de la pieza desde eje.

t = 5 mm = espesor de la pieza y del disco inicial.

El diámetro del disco inicial se determina utilizando la relación entre el área del disco inicial y la suma del área de la base y de las paredes del recipiente.

$$\pi \frac{D^2}{4} = \pi \frac{d^2}{4} + \pi dh \rightarrow D = \sqrt{d^2 + 4dh} = \sqrt{95^2 + 4 \cdot 95 \cdot 22.5} = \mathbf{132.6\ mm}$$

Para que la operación puede ser factible, hay que cumplir siguientes requisitos:

$$1 < DR \leq 2.0\ (200\%)$$

$$0 < r \leq 0.5\ (50\%)$$

$$tR \geq 0.01\ (1\%)$$

DR = relación de embutido.

r = reducción de embutido.

tR = relación de espesor al diámetro.

$D_p = d_i$ = 90 mm = diámetro del punzón.

t = 5 mm = espesor de la pieza o del disco inicial.

$$\mathbf{DR = \frac{D}{D_p} = \frac{132.6[mm]}{90[mm]} = 1.47 \leq 2.0}$$

$$r = \frac{D - D_p}{D} = \frac{(132.6 - 90)[mm]}{132.6[mm]} = 0.32 \le 0.5$$

$$tR = \frac{t}{D} = \frac{5[mm]}{132.6[mm]} = 0.038 \ge 0.01$$

Se cumplen todos los tres requisitos, por lo cual, la operación de embutido es factible.

Problema 63: Embutido y los valores *DR*, *r* y *tR*.
Se quiere fabricar un vaso cilíndrico (altura = 60 mm, diámetro interior = 70 mm)
mediante proceso de embutido. La pieza inicial utilizada para la embutición es un
disco con diámetro de 135 mm y con el espesor de 3 mm. Determine si es posible
fabricar esta pieza.

Solución.

D = 135 mm, diámetro del disco inicial.
$D_p = d_i = 70$ mm, diámetro del punzón = diámetro interior de la pieza.
$t = 3$ mm, espesor del material.
Para que la operación puede ser factible, hay que cumplir siguientes requisitos:

$$1 < DR \le 2.0 \ (200\%)$$

$$0 < r \le 0.5 \ (50\%)$$

$$tR \ge 0.01 \ (1\%)$$

DR = relación de embutido.
r = reducción de embutido.
tR = relación de espesor al diámetro.

$$DR = \frac{D}{D_p} = \frac{135[mm]}{70[mm]} = 1.93 \le 2.0$$

$$r = \frac{D - D_p}{D} = \frac{(135 - 70)[mm]}{135[mm]} = 0.48 \le 0.5$$

$$tR = \frac{t}{D} = \frac{3[mm]}{135[mm]} = 0.02 \ge 0.01$$

Se cumplen todos los tres requisitos, por lo cual, la operación de embutido es factible.

Problema 64: Embutido utilizando constantes K_1 y K_2.

Se desea fabricar un vaso de 10 cm de diámetro interior, 1000 cm³ de volumen, y 1.5 mm de espesor. Si $K_1 = 0.5$ y $K_2 = 0.75$; diseñe el proceso de embutición necesario con las cotas de los punzones y matrices requeridos. ¿Es posible plantear un proceso de embutición en el que se emplee la misma K?

Solución.

$t = 0.15$ cm = espesor del vaso y del disco inicial.

$d_i = 10$ cm = diámetro interior.

$d_e = d_i \cdot 2t = 10.3$ cm = diámetro exterior.

$d = (d_i + d_e)/2 = 10.15$ cm = diámetro del vaso del eje al eje.

$V = 1\,000$ cm³ = volumen del vaso.

$K_1 = 0.5$ = constante para la etapa 1.

$K_2 = 0.75$ = constante para las demás etapas.

Para calcular el diámetro del disco de partida se aplicará siguiente ecuación:

$$\pi \frac{D^2}{4} = \pi \frac{d^2}{4} + \pi dh \longrightarrow D = \sqrt{d^2 + 4dh}$$

El diámetro del vaso del eje al eje, d, es conocido. Ahora hace falta calcular la altura del vaso desde eje, h: $d_i = 10$ cm; $r_i = 5$ cm.

$$V = \pi r_i^2 h_i \Rightarrow h_i = \frac{V}{\pi r_i^2} = \frac{1000[cm^3]}{\pi (5)^2 [cm^2]} = \mathbf{12.73\ cm}$$

$$h = h_i + t = 12.73[cm] + 0.15[cm] = \mathbf{12.88\ cm}$$

Con las dimensiones del vaso se puede determinar el diámetro de disco de partida, D:

$$D = \sqrt{d^2 + 4dh} = \sqrt{10.15^2 + 4 \cdot 10.15 \cdot 12.88} = \mathbf{25.02\ cm}$$

Hay que comprobar si es factible la operación de embutido.

$$DR = \frac{D}{D_p} = \frac{25.02[cm]}{10[cm]} = \mathbf{2.5} \leq \mathbf{2.0}$$

No se cumple el requisito de relación de embutido permitido, por lo cual, la operación de embutido no es factible en un único paso. Para que el proceso de embutido sea factible hay que dividir el proceso en más que una etapa.

Las etapas de embutición:

Diámetros de punzones	Diámetros de matrices $D_m = d_i + 2c$ $c = 1.1t \longrightarrow D_m = d_i + 2.2t$
$d_{i1} = K_1 D = 0.5 \cdot 25.02 = \mathbf{12.51\,cm}$	$D_{m1} = 12.51 + 2.2 \cdot 0.15 = \mathbf{12.84\,cm}$
$d_{i2} = K_2 d_{i1} = 0.75 \cdot 12.51 = \mathbf{9.38\,cm}$	-
$d_{i2} < d_i \rightarrow d_{i2} = d_i = \mathbf{10\,cm}$	$D_{m2} = 10 + 2.2 \cdot 0.15 = \mathbf{10.33\,cm}$

Nota: d_{i2} sale menor que el diámetro final d_i, por lo cual el último (segundo) punzón tendrá el mismo diámetro que del vaso, unos 10 cm.

Las etapas de embutición con la misma K:

Hay que elegir una constante que aplica menor grado de deformación. Eso es la constante más grande. En nuestro caso $K = 0.75$.

Diámetros de punzones	Diámetros de matrices $D_m = d_i + 2c$ $c = 1.1t \longrightarrow D_m = d_i + 2.2t$
$d_{i1} = K_2 D = 0.75 \cdot 25.02 = \mathbf{18.77\,cm}$	$D_{m1} = 18.77 + 2.2 \cdot 0.15 = \mathbf{19.10\,cm}$
$d_{i2} = K_2 d_{i1} = 0.75 \cdot 18.77 = \mathbf{14.07\,cm}$	$D_{m2} = 14.07 + 2.2 \cdot 0.15 = \mathbf{14.40\,cm}$
$d_{i3} = K_2 d_{i2} = 0.75 \cdot 14.07 = \mathbf{10.56\,cm}$	$D_{m3} = 10.56 + 2.2 \cdot 0.15 = \mathbf{10.89\,cm}$
$d_{i4} = K_2 d_{i3} = 0.75 \cdot 10.56 = \mathbf{7.92\,cm}$	-
$d_{i4} < d_i \rightarrow d_{i4} = d_i = \mathbf{10\,cm}$	$D_{m4} = 10 + 2.2 \cdot 0.15 = \mathbf{10.33\,cm}$

Nota: d_{i4} sale menor que el diámetro final d_i, por lo cual el último (cuarto) punzón tendrá el mismo diámetro que del vaso, unos 10 cm.

REFERENCIAS

[1] Andrew Nee, *Handbook of Manufacturing Engineering and Technology*, Springer, 2015.

[2] Serope Kalpakjian, *Manufacturing Engineering and Technology*, 7 ed., Pearson, 2014.

[3] James G. Bralla, *Handbook of Manufacturing Processes*, Industrial Press, 2007.

[4] J. Beddoes, *Principles of Metal Manufacturing Processes*, Elsevier, 2006.

[5] K. G. Swift, *Manufacturing Process Selection Handbook*, Elsevier, 2013.

[6] Hwaiyu Geng, *Manufacturing Engineering Handbook*, McGraw-Hill, 2004.

[7] Jack M. Walker, *Handbook of Manufacturing Engineering*, Marcel Dekker, 1996.

[8] Ammar Grous, *Applied Metrology for Manufacturing Engineering*, Wiley, 2011.

ANEXO I: CONSTANTES FÍSICAS

Tabla 01: Constantes físicas fundamentales

Nombre	Símbolo	Valor
Velocidad de la luz	c_0	$3 \cdot 10^8 \ m/s$ ($300\,000 \ km/s$)
Carga elemental	e	$1.6 \cdot 10^{-19} \ C$
Constante de Avogadro	N_A	$6.022 \cdot 10^{23} \ mol^{-1}$
Constante de Boltzmann	k_B	$1.38 \cdot 10^{-23} \ J/K$
Constante de los gases	R	$8.31 \ J/mol \cdot K$ ($1.987 \ cal/mol \cdot K$)
Constante de Faraday	F	$9.65 \cdot 10^4 \ C/mol$
Constante de Planck	h	$6.63 \cdot 10^{-34} \ J \cdot s$
Constante de Stefan-Boltzmann	σ	$5.67 \cdot 10^{-8} \ W/m^2 \cdot K^4$
Permitividad eléctrica (en el vacío)	ε_0	$8.85 \cdot 10^{-12} \ F/m$
Permeabilidad magnética (en el vacío)	μ_0	$1.26 \cdot 10^{-6} \ H/m$
Constante de gravitación	G	$6.67 \cdot 10^{-11} \ N \cdot m^2/kg^2$
Aceleración de la gravedad (a nivel del mar)	g	$9.81 \ m/s^2$
Volumen molar de un gas ideal	V_m	$22.4 \ l/mol$

$k_B = \dfrac{R}{N_A}$	$1 \ cal = 4.2 \ J$	$0 \ K = -273°C$	$kgf = kp = 9.81 \ N$

ANEXO II: PREFIJOS DE SI

Tabla 02: Prefijos del sistema internacional (SI)

Prefijo	Símbolo	10^n	Origen	Significado	Año de adopción por la CGPM
yotta	Y	10^{24}	griego	ocho	1991
zetta	Z	10^{21}	griego	siete	1991
exa	E	10^{18}	griego	seis	1975
peta	P	10^{15}	griego	cinco	1975
tera	T	10^{12}	griego	monstruoso	1960
giga	G	10^{9}	griego	gigante	1960
mega	M	10^{6}	griego	grande	1960
kilo	k	10^{3}	griego	mil	1795
hecto	h	10^{2}	griego	cien	1795
deca	da / D	10^{1}	griego	diez	1795
		10^{0}			
deci	d	10^{-1}	latino	décimo	1795
centi	c	10^{-2}	latino	centésimo	1795
mili	m	10^{-3}	latino	milésimo	1795
micro	µ	10^{-6}	griego	pequeño	1960
nano	n	10^{-9}	latino	pequeño	1960
pico	p	10^{-12}	italiano	pequeño	1960
femto	f	10^{-15}	danés	quince	1964
atto	a	10^{-18}	danés	diez y ocho	1964
zepto	z	10^{-21}	griego	siete	1991
yocto	y	10^{-24}	griego	ocho	1991

Ejemplos:

La masa de la Tierra es 5 975 yottagramos.

La vida media del bosón de Higgs es del orden del zeptosegundos.

ANEXO III: ALFABETO GRIEGO

Tabla 03: Alfabeto griego

Nombre	Minúscula	Mayúscula	Nombre	Minúscula	Mayúscula
Alfa	α	A	Ni	ν	N
Beta	β	B	Xi	ξ	Ξ
Gamma	γ	Γ	Omicron	o	O
Delta	δ	Δ	Pi	π	Π
Epsilon	ε	E	Rho	ϱ	P
Dseta	ζ	Z	Sigma	σ	Σ
Eta	η	H	Tau	τ	T
Theta	θ	Θ	Ipsilon	υ	Υ
Iota	ι	I	Fi	φ y ϕ	Φ
Kappa	κ	K	Ji	χ	X
Lambda	λ	Λ	Psi	ψ	Ψ
Mi	μ	M	Omega	ω	Ω

ANEXO IV: CONVERSIÓN DE UNIDADES

Tabla 04: Conversión de unidades

Pascal:	$Pa = \dfrac{N}{m^2} = \dfrac{J}{m^3} = \dfrac{kg}{m \cdot s^2}$
Megapascal:	$MPa = \dfrac{N}{mm^2}$
Newton:	$N = \dfrac{kg \cdot m}{s^2} = \dfrac{J}{m}$
Julio:	$J = N \cdot m = \dfrac{kg \cdot m^2}{s^2}$
Vatio:	$W = \dfrac{J}{s} = \dfrac{N \cdot m}{s} = \dfrac{kg \cdot m^2}{s^3}$
Vatio:	$W = V \cdot A = A^2 \cdot \Omega = \dfrac{kg \cdot m^2}{s^3}$
Henrio:	$H = \dfrac{kg \cdot m^2}{s^2 \cdot A^2} = \dfrac{Wb}{A} = \dfrac{V \cdot s}{A} = \Omega \cdot s$
Faradio:	$F = \dfrac{A \cdot s}{V} = \dfrac{C}{V} = \dfrac{C^2}{J} = \dfrac{s}{\Omega} = \dfrac{s^2 \cdot C^2}{m^2 \cdot kg}$
Amperio:	$A = \dfrac{C}{s}$
Voltio:	$V = \dfrac{J}{C}$

ANEXO V: CONVERSIÓN DE UNIDADES AL SISTEMA INTERNACIONAL (SI)

Tabla 05: Conversión de unidades al sistema internacional (SI)

Nombre	Name	Símbolo		Valor
Pulgada	Inch	in	=	2.54 cm
Pie	Foot	ft	=	30.48 cm
Libra	Pound	lb	=	453.6 g
	British thermal unit	Btu	=	1 055 J
	Pound per square inch	psi	=	6.895 kPa
Caballo de fuerza	Horsepower	hp	=	745.7 W
Caloría	Calory	cal	=	4.187 J
Celsius	Celsius	ºC	=	273.15 K

$$psi = \frac{lb}{in^2} \qquad \qquad °C = \frac{°F - 32}{1.8}$$

ANEXO VI: TOLERANCIAS Y CALIDADES

Tabla 06: Grados y tolerancias de longitud (UNE-EN ISO 3650:2000)

Longitud nominal, l [mm]	Grado 0		Grado 1		Grado 2	
	$\pm t_e$ [μm][8]	t_v [μm][9]	$\pm t_e$ [μm]	t_v [μm]	$\pm t_e$ [μm]	t_v [μm]
$0.5 \leq l \leq 10$	0.12	0.1	0.2	0.16	0.45	0.3
$10 < l \leq 25$	0.14	0.1	0.3	0.16	0.6	0.3
$25 < l \leq 50$	0.2	0.1	0.4	0.18	0.8	0.3
$50 < l \leq 75$	0.25	0.12	0.5	0.18	1	0.35
$75 < l \leq 100$	0.3	0.12	0.6	0.2	1.2	0.35
$100 < l \leq 150$	0.4	0.14	0.8	0.2	1.6	0.4
$150 < l \leq 200$	0.5	0.16	1	0.25	2	0.4
$200 < l \leq 250$	0.6	0.16	1.2	0.25	2.4	0.45
$250 < l \leq 300$	0.7	0.18	1.4	0.25	2.8	0.5
$300 < l \leq 400$	0.9	0.2	1.8	0.3	3.6	0.5
$400 < l \leq 500$	1.1	0.25	2.2	0.35	4.4	0.6
$500 < l \leq 600$	1.3	0.25	2.6	0.4	5	0.7
$600 < l \leq 700$	1.5	0.3	3	0.45	6	0.7
$700 < l \leq 800$	1.7	0.3	3.4	0.5	6.5	0.8
$800 < l \leq 900$	1.9	0.35	3.8	0.5	7.5	0.9
$900 < l \leq 1\,000$	2	0.4	4.2	0.6	8	1

---

[8] t_e: Máxima desviación de longitud permitida en cualquier punto de la cara de medida respecto a la longitud nominal.

[9] t_v: Tolerancia de la variación de longitud.

Tabla 07: Calidades de tolerancia

Calidades (µm)

Grado Tolerancia Diámetro (mm)	IT 01	IT 0	IT 1	IT 2	IT 3	IT 4	IT 5	IT 6	IT 7	IT 8	IT 9	IT 10	IT 11	IT 12	IT 13	IT 14	IT 15	IT 16	IT 17	IT 18
d ≤ 3	0.3	0.5	0.8	1.2	2	3	4	6	10	14	25	40	60	100	140	250	400	600	1000	1400
3 < d ≤ 6	0.4	0.6	1	1.5	2.5	4	5	8	12	18	30	48	75	120	180	300	480	750	1200	1800
6 < d ≤ 10	0.4	0.6	1	1.5	2.5	4	6	9	15	22	36	58	90	150	220	360	580	900	1500	2200
10 < d ≤ 18	0.5	0.8	1.2	2	3	5	8	11	18	27	43	70	110	180	270	430	700	1100	1800	2700
18 < d ≤ 30	0.6	1	1.5	2.5	4	6	9	13	21	33	52	84	130	210	330	520	840	1300	2100	3300
30 < d ≤ 50	0.6	1	1.5	2.5	4	7	11	16	25	39	62	100	160	250	390	620	1000	1600	2500	3900
50 < d ≤ 80	0.8	1.2	2	3	5	8	13	19	30	46	74	120	190	300	460	740	1200	1900	3000	4600
80 < d ≤ 120	1	1.5	2.5	4	6	10	15	22	35	54	87	140	220	350	540	870	1400	2200	3500	5400
120 < d ≤ 180	1.2	2	3.5	5	8	12	18	25	40	63	100	160	250	400	630	1000	1600	2500	4000	6300
180 < d ≤ 250	2	3	4.5	7	10	14	20	29	46	72	115	185	290	460	720	1150	1850	2900	4600	7200
250 < d ≤ 315	2.5	4	6	8	12	16	23	32	52	81	130	210	320	520	810	1300	2100	3200	5200	8100
315 < d ≤ 400	3	5	7	9	13	18	25	36	57	89	140	230	360	570	890	1400	2300	3600	5700	8900
400 < d ≤ 500	4	6	8	10	15	20	27	40	63	97	155	250	400	630	970	1550	2500	4000	6300	9700
500 < d ≤ 630			9	11	16	22	32	44	70	110	175	280	440	700	1100	1750	2800	4400	7000	11000
630 < d ≤ 800			10	13	18	25	36	50	80	125	200	320	500	800	1250	2000	3200	5000	8000	12500
800 < d ≤ 1000			11	15	21	28	40	56	90	140	230	360	560	900	1400	2300	3300	5600	9000	14000
1000 < d ≤ 1250			13	18	24	33	47	66	105	465	260	420	660	1050	1650	2600	4200	6600	10500	16500
1250 < d ≤ 1600			15	21	29	39	55	78	125	195	310	500	780	1250	1950	3100	5000	7800	12500	19500
1600 < d ≤ 2000			18	25	35	46	65	92	150	230	370	600	920	1500	2300	3700	6000	9200	15000	23000
2000 < d ≤ 2500			22	30	41	55	78	110	175	280	440	700	1100	1750	2800	4400	7000	11000	17500	28000
2500 < d ≤ 3150			26	36	50	68	96	135	210	330	540	860	1350	2100	3300	5400	8600	13500	21000	33000
	Muy alta precisión		Equipos de metrología y piezas de gran precisión			Piezas o elementos que han de ajustar								Superficies libres						

115

Tabla 08: Valores numéricos de las desviaciones inferiores para los agujeros

AGUJEROS — Desviación inferior

Nota: Para la posición JS, Desviación = ± IT/2. Las columnas CD, D, E, EF, F, FG, G, H corresponden a "Todas las calidades".

Posición / Calidad	A	B	C	CD	D	E	EF	F	FG	G	H	JS
d ≤ 3	270	140	60	34	20	14	10	6	4	2	0	± IT/2
3 < d ≤ 6	270	140	70	46	30	20	14	10	6	4	0	
6 < d ≤ 10	280	150	80	56	40	25	18	13	8	5	0	
10 < d ≤ 14	290	150	95		50	32		16		6	0	
14 < d ≤ 18												
18 < d ≤ 24	300	160	110		65	40		20		7	0	
24 < d ≤ 30												
30 < d ≤ 40	310	170	120		80	50		25		9	0	
40 < d ≤ 50	320	180	130									
50 < d ≤ 65	340	190	140		100	60		30		10	0	
65 < d ≤ 80	360	200	150									
80 < d ≤ 100	380	220	170		120	72		36		12	0	
100 < d ≤ 120	410	240	180									
120 < d ≤ 140	460	260	200		145	85		43		14	0	
140 < d ≤ 160	520	280	210									
160 < d ≤ 180	580	310	230		170	100		50		15	0	
180 < d ≤ 200	660	340	240									
200 < d ≤ 225	740	380	260		190	110		56		17	0	
225 < d ≤ 250	820	420	280									
250 < d ≤ 280	920	480	300									
280 < d ≤ 315	1050	540	330		210	125		62		19	0	
315 < d ≤ 355	1200	600	360									
355 < d ≤ 400	1350	680	400		230	135		68		20	0	
400 < d ≤ 450	1500	760	440									
450 < d ≤ 500	1650	840	480									

Tabla 09: Valores numéricos de las desviaciones superiores para los agujeros

AGUJEROS — Desviación superior (valores en µm). Para la zona **P a ZC** con IT≤8: *Como IT>7 + Δ*.

Posición / Calidad	J IT6	J IT7	J IT8	K IT≤8	K IT>8	M IT≤8	M IT>8	N IT≤8	N IT>8	P	R	S	T	U	V	X (IT>7)	Y	Z	ZA	ZB	ZC	Δ IT3	Δ IT4	Δ IT5	Δ IT6	Δ IT7	Δ IT8
d ≤ 3	2	4	6	0	0	-2	-2	-4+Δ	-4	-6	-10	-14		-18		-20		-26	-32	-40	-60	0	0	0	0	0	0
3 < d ≤ 6	5	6	10	-1+Δ		-4+Δ	-4	-8+Δ	0	-12	-15	-19		-23		-28		-35	-42	-50	-80	1	1.5	1	3	4	6
6 < d ≤ 10	5	8	12	-1+Δ		-6+Δ	-6	-10+Δ	0	-15	-19	-23		-28		-34		-42	-52	-67	-97	1	1.5	2	3	6	7
10 < d ≤ 14	6	10	15	-1+Δ		-7+Δ	-7	-12+Δ	0	-18	-23	-28		-33		-40		-50	-64	-90	-130	1	2	3	3	7	9
14 < d ≤ 18															-39	-45		-60	-77	-108	-150	1	2	3	3	7	9
18 < d ≤ 24	8	12	20	-2+Δ		-8+Δ	-8	-15+Δ	0	-22	-28	-35		-41	-47	-54	-63	-73	-98	-136	-188	1.5	2	3	4	8	12
24 < d ≤ 30													-41	-48	-55	-64	-75	-88	-118	-160	-218	1.5	2	3	4	8	12
30 < d ≤ 40	10	14	24	-2+Δ		-9+Δ	-9	-17+Δ	0	-26	-34	-43	-48	-60	-68	-80	-94	-112	-148	-200	-274	1.5	3	4	5	9	14
40 < d ≤ 50													-54	-70	-81	-97	-114	-136	-180	-242	-325	1.5	3	4	5	9	14
50 < d ≤ 65	13	18	28	-2+Δ		-11+Δ	-11	-20+Δ	0	-32	-41	-53	-66	-87	-102	-122	-144	-172	-226	-300	-405	2	3	5	6	11	16
65 < d ≤ 80											-43	-59	-75	-102	-120	-146	-174	-210	-274	-360	-490	2	3	5	6	11	16
80 < d ≤ 100	16	22	34	-3+Δ		-13+Δ	-13	-23+Δ	0	-37	-51	-71	-91	-124	-146	-178	-214	-258	-335	-445	-585	2	4	5	7	13	19
100 < d ≤ 120											-54	-79	-104	-144	-172	-210	-254	-310	-400	-525	-690	2	4	5	7	13	19
120 < d ≤ 140	18	26	41	-3+Δ		-15+Δ	-15	-27+Δ	0	-43	-63	-92	-122	-170	-202	-248	-300	-365	-470	-620	-800	3	4	6	7	15	23
140 < d ≤ 160											-65	-100	-134	-190	-228	-280	-340	-415	-535	-700	-900	3	4	6	7	15	23
160 < d ≤ 180											-68	-108	-146	-210	-252	-310	-380	-465	-600	-780	-1000	3	4	6	7	15	23
180 < d ≤ 200	22	30	47	-4+Δ		-17+Δ	-17	-31+Δ	0	-50	-77	-122	-166	-236	-284	-340	-425	-520	-670	-880	-1150	3	4	6	9	17	26
200 < d ≤ 225											-80	-130	-180	-258	-310	-385	-470	-575	-740	-960	-1250	3	4	6	9	17	26
225 < d ≤ 250											-84	-140	-196	-284	-340	-425	-520	-640	-820	-1050	-1350	3	4	6	9	17	26
250 < d ≤ 280	25	36	55	-4+Δ		-20+Δ	-20	-34+Δ	0	-56	-94	-158	-218	-315	-385	-475	-580	-710	-920	-1200	-1550	4	4	7	9	20	29
280 < d ≤ 315											-98	-170	-240	-350	-425	-525	-650	-790	-1000	-1300	-1700	4	4	7	9	20	29
315 < d ≤ 355	29	39	60	-4+Δ		-21+Δ	-21	-37+Δ	0	-62	-108	-190	-268	-390	-475	-590	-730	-900	-1150	-1500	-1900	4	5	7	11	21	32
355 < d ≤ 400											-114	-208	-294	-435	-530	-660	-820	-1000	-1300	-1650	-2100	4	5	7	11	21	32
400 < d ≤ 450	33	43	66	-5+Δ		-23+Δ	-23	-40+Δ	0	-68	-126	-232	-330	-490	-595	-740	-920	-1100	-1450	-1850	-2400	5	5	7	13	23	34
450 < d ≤ 500											-132	-252	-360	-540	-660	-820	-1000	-1250	-1600	-2100	-2600	5	5	7	13	23	34

Valores de Δ para K–ZC.

Tabla 10: Valores numéricos de las desviaciones superiores para los ejes

EJES — Desviación superior

Posición / Calidad	a	b	c	cd	d	e	ef	f	fg	g	h	js
					Todas las calidades							Desviación = IT/2
d ≤ 3	-270	-140	-60	-34	-20	-14	-10	-6	-4	-2	0	
3 < d ≤ 6	-270	-140	-70	-46	-30	-20	-14	-10	-6	-4	0	
6 < d ≤ 10	-280	-150	-80	-56	-40	-25	-18	-13	-8	-5	0	
10 < d ≤ 14	-290	-150	-95		-50	-32		-16		-6	0	
14 < d ≤ 18	-290	-150	-95									
18 < d ≤ 24	-300	-160	-110		-65	-40		-20		-7	0	
24 < d ≤ 30	-300	-160	-110									
30 < d ≤ 40	-310	-170	-120		-80	-50		-25		-9	0	
40 < d ≤ 50	-320	-180	-130									
50 < d ≤ 65	-340	-190	-140		-100	-60		-30		-10	0	
65 < d ≤ 80	-360	-200	-150									
80 < d ≤ 100	-380	-220	-170		-120	-72		-36		-12	0	
100 < d ≤ 120	-410	-240	-180									
120 < d ≤ 140	-460	-260	-200		-145	-85		-43		-14	0	
140 < d ≤ 160	-520	-280	-210									
160 < d ≤ 180	-580	-310	-230									
180 < d ≤ 200	-660	-340	-240		-170	-100		-50		-15	0	
200 < d ≤ 225	-740	-380	-260									
225 < d ≤ 250	-820	-420	-280									
250 < d ≤ 280	-920	-480	-300		-190	-110		-56		-17	0	
280 < d ≤ 315	-1050	-540	-330									
315 < d ≤ 355	-1200	-600	-360		-210	-125		-62		-18	0	
355 < d ≤ 400	-1350	-680	-400									
400 < d ≤ 450	-1500	-760	-440		-230	-135		-68		-20	0	
450 < d ≤ 500	-1650	-840	-480									

Tabla 11: Valores numéricos de las desviaciones inferiores para los ejes

EJES																				
Posición	js	j			k		Desviación inferior — Todas las calidades													
Calidad	Desviación = − IT/2	IT5 / IT6	IT7	IT8	4≤IT≤7	IT<4 / IT>7	m	n	p	r	s	t	u	v	x	y	z	za	zb	zc
d ≤ 3	−IT/2	−2	−4	−6	0	0	2	4	6	10	14		18		20		26	32	40	60
3 < d ≤ 6		−2	−4		1	0	4	8	12	15	19		23		28		35	42	50	80
6 < d ≤ 10		−2	−5		1	0	6	10	15	19	23		28		34		42	52	67	97
10 < d ≤ 14		−3	−6		1	0	7	12	18	23	28		33		40		50	64	90	130
14 < d ≤ 18														39	45		60	77	108	150
18 < d ≤ 24		−4	−8		2	0	8	15	22	28	35		41	47	54	63	73	98	136	188
24 < d ≤ 30												41	48	55	64	75	88	118	160	218
30 < d ≤ 40		−5	−10		2	0	9	17	26	34	43	48	60	68	80	94	112	148	200	274
40 < d ≤ 50												54	70	81	97	114	136	180	242	325
50 < d ≤ 65		−7	−12		2	0	11	20	32	41	53	66	87	102	122	144	172	226	300	405
65 < d ≤ 80										43	59	75	102	120	146	174	210	274	360	490
80 < d ≤ 100		−9	−15		3	0	13	23	37	51	71	91	124	146	178	214	258	335	445	585
100 < d ≤ 120										54	79	104	144	172	210	254	310	400	525	690
120 < d ≤ 140		−11	−18		3	0	15	27	43	63	92	122	170	202	248	300	365	470	620	800
140 < d ≤ 160										65	100	134	190	228	280	340	415	535	700	900
160 < d ≤ 180										68	108	146	210	252	310	380	465	600	780	1000
180 < d ≤ 200		−13	−21		4	0	17	31	50	77	122	166	236	284	340	425	520	670	880	1150
200 < d ≤ 225										80	130	180	258	310	385	470	575	740	960	1250
225 < d ≤ 250										84	140	196	284	340	425	520	640	820	1050	1350
250 < d ≤ 280		−16	−26		4	0	20	34	56	94	158	218	315	385	475	580	710	920	1200	1550
280 < d ≤ 315										98	170	240	350	425	525	650	790	1000	1300	1700
315 < d ≤ 355		−18	−28		4	0	21	37	62	108	190	268	390	475	590	730	900	1150	1500	1900
355 < d ≤ 400										114	208	294	435	530	660	820	1000	1300	1650	2100
400 < d ≤ 450		−20	−32		5	0	23	40	68	126	232	330	490	595	740	920	1100	1450	1850	2400
450 < d ≤ 500										132	252	360	540	660	820	1000	1250	1600	2100	2600

CONTACTO

Autor de correspondencia:
Petr Urban, purban@us.es

Ficha personal
https://bit.ly/3BynZvS

Dirección:
Escuela Técnica Superior de Ingeniería
Universidad de Sevilla
Camino de los Descubrimientos, s/n.
41092 Sevilla
España
https://www.etsi.us.es/

Google Maps
https://bit.ly/3GEMX0x